Handmade Jam&Spread

職人級極品果醬
技法全圖解

手作達人、果醬達人，樣樣做出精彩！

　　Linda是我多年的好友，但偶爾——尤其當她化身為拼布包「手作達人」時，我會變成她的粉絲，而且她既會做拼布，又非常會做菜，還非常會做果醬。不過她是真人不露相，認識她好一陣子之後，才知道她集十八般武藝於一身。

　　話說，當年我跟她在某大網路書店當同事，網路業大多靠鍵盤和滑鼠作業往來，未必常碰面私交。直到有一天，有個機會拜訪Linda的住處，看見裁縫機、燙馬、插滿珠針的針插，我才知道原來世界上有一種人，當她有空時，會在家裡縫縫補補。再後來，當我知道Linda終於在網路上開店，銷售自己設計製作的手工拼布包，我更是常往她家跑，就怕肥水落到外人田——好朋友做的好看包包，我當然是天字第一號主顧客，買得不亦樂乎！

　　Linda做任何事都講究品質和品味，每個拼布包她都花很多時間與心血，工細手巧密密縫，別說我們這些人是越看越喜歡，也因此到後來，連她自己也捨不得出售了。

　　還好，沒多久她又施展出另一項專長——手工果醬，製作過程同樣秉持對品質品味的堅持，更融合健康廚藝和過人創意之大成。這樣更好了，大大滿足我愛吃果醬的慾望，尤其台灣是水果王國，不但種類多、滋味好，而且四季都有，我再也不用擔心會斷貨。而如今Linda還把私房果醬作法寫成書，真是太慷慨濟世了！

　　在此要謝謝台灣廣廈出版集團的冠蒨總監，她相信我推薦達人Linda而促成本書的出版；也謝謝我的學妹，本書執行主編雅君的耐心與細心，成就了這麼一本漂亮精緻又可口的果醬書。最後呢，我要藉機對Linda喊話：「為了這本果醬書，妳真的辛苦了！不管是手工果醬，也期待拼布包快重出江湖，我會一直是你的頭號粉絲！」

台灣主婦聯盟生活消費合作社《綠主張》月刊前主編

果醬是我生活的一部分，
也是牽起和大家的緣分！

　　擁有做出美食的手藝是一種遺傳與熱情，對於品嚐美食的能力是日積月累的磨練與探尋，我不但喜歡吃美食，更喜歡待在廚房與來自這片土地上的每一種食材一起探索出美妙的滋味！

　　自從 2009 年自創了「Linda手工極品果醬」這十幾年來對於手工果醬的熱情完全沒有中斷過。在 2011 出版了《自己動手做無添加・純天然極品果醬》之後，陸陸續續都有收到許多讀者的親自回饋跟教學的邀約，就像是前陣子有位來自台中山上種有機食品級玫瑰花的花農，私訊跟我說：他買了這本書好一陣子了，一直沒有機會翻開來看，直到疫情期間，才有時間好好地看書操作煮果醬，因為步驟很詳細，所以有點年紀的他也可以如實操作的就做出了蘋果玫瑰果醬，真心感謝我出版了這一本「像教科書」般手把手的教學的書，讓他可以把他自己種的玫瑰花煮成果醬跟大家分享。還有另一位讀者，是在拉拉山上種水蜜桃的果農，他跟我分享說：水蜜桃出產旺季的時候，通常出貨的都是等級很好的水蜜桃，但是比較小顆一點的，或是外觀比較沒這麼漂亮的，通常都浪費掉了，希望我幫他們開發出「水蜜桃果醬」的食譜，並教導他們怎麼自己煮水蜜桃手工果醬，讓他們除了把看起來漂亮的水蜜桃賣掉之外，也可以不浪費這些看起來比較不好看，但是風味跟甜度都還很棒的新鮮水蜜桃。

　　我很感恩因為出版果醬書，可以讓我有機會為在地的農民們盡一點心力，讓大家除了可以品嚐新鮮的水果之外，還可以把新鮮及美味封存，幻化成極品級的美味，透過這本書牽起了許多這樣令人珍惜著大自然恩賜的水果的緣分。

　　這幾年來的食品安全問題讓大家對於吃進去身體裡的東西到底是什麼？以及食物的來源是哪裡？都越來越關注，特別是家裡有小朋友的家長們，或是注重養生的朋友們，更會在有選擇、以及能選擇的狀況下儘量選擇以原形食物再加以烹調，讓自己與家人們都能享用天然又無添加的美食。

　　雖然做果醬時，從採買、挑選水果再到削果皮、切水果就得耗上大半天時間，但是一個人靜靜的在廚房準備食材，思緒漸漸沉澱，很像在修行「果醬禪」，但一邊想像著今天煮好的果醬會是哪種滋味？要酸一點？還是淡一些？誰會最喜歡今天的風味？心情也隨之濃郁，那是何等的甜蜜！

　　現在的我是一間選品服飾的老闆娘、也是靈魂藍圖解讀師及天使塔羅牌老師／占卜師，還是依然隨著季節的流轉做著不同口味的手工果醬，也一樣會受邀分享手工果醬的教學，更是仍然熱愛在廚房做料理的時光，真的就是為了家人、朋友的那一句「乁樂」就心滿意足。

　　很開心，選擇了做果醬當作生活的一部分，每一種口味的每一罐手工果醬都有我對健康與美味的堅持與努力！從食材的採購、挑選、搭配、切洗、糖漬、攪煮、裝罐、分享……，還有「吃」光它，每個細節與流程，我都享受於其中，以健康為初衷喚醒單純的味蕾，以天然為訴求讓我們入口的食物都蘊含著幸福的滋味，透過雙手的溫度與食材對話，讓每一瓶經過焠鍊後的果醬都把大地對我們的愛與美好的能量帶進我們的身、心、靈中！

　　再一次把自己鑽研多年的私房果醬祕訣出書成冊來與大家分享。感謝這些年來大家的支持，我依舊本著對健康與美味的堅持，以及分享天然美食的熱切心情，跟大家說：「製作天然、無添加、健康的美味果醬真的不難。」只要學會幾個基本做法，就能運用四季新鮮水果來煮出風味美妙的手工果醬，再加上香料、花草、果乾、堅果、酒類、茶飲等，就能變化出無限多的獨創風味，且可以延伸出許多種鹹、甜又冷熱皆宜的果醬吃法。

　　把那些教條式的果醬做法丟　邊吧！讓我們捲起袖子把對美食的熱情加進來，一起動手來製作Linda的「自由式果醬」吧！

琳達老師的FB：https://www.facebook.com/QQLINDA
琳達老師的IG: @linda.5277

FB QRcode　　　IG QRcode

Lindaの廚房手工果醬　施佳伶 Linda

2022.08

目／次

Part 1 知識祕訣篇 6大關鍵Know-how，掌握手工果醬不敗訣竅！

Part 2 單品果醬篇 取最簡單食材，熬出濃醇香！

Part **1**

知識祕訣

6大關鍵Know-how，
掌握手工果醬不敗訣竅！

自己做手工果醬，不只是希望保留水果的天然風味，更希望使其美味加乘，進階到高級甜點般的誘人享受。其實做起來並不難，只要準備10項工具、3種食材，加上特殊食材，輕鬆就做出新鮮健康的極品果醬！

關鍵 **1** 知識

果醬，
實現**封存水果風味**的願望

在台灣，只要是水果加一定比例的糖與酸浸漬熬煮後，幾乎都被稱為「果醬」；然而在國外，由於食材組合與口感的差異，名稱上就有所不同，也更貼近各款果醬的原意，吃法的變化性也更多樣。

從歐風果醬6類找手作靈感

各位對果醬這樣從西方來的玩意兒，是不是還停留在市售果醬的黏稠口感？其實這類水果製品雖然中文都通稱「果醬」，果醬也已經是國人生活常用食材，但是比起歐美國家和日本，從以下Jam、Jelly、Marmalade、Preserves、Conserves、Fruit Butter等6大分類中，我們可以找到更細緻、更條理的做法和口感線索，當成自己做果醬的參考：

Jam

將水果切成小塊狀，再加入糖與酸熬煮。製成果醬後，幾乎看不到水果果粒，口感類似果泥，所以很容易塗在麵包上。

・參考：P122馬鞭草奇異果果醬、P58加州李果醬、P56甜柿果醬、P60水蜜桃果醬等。

Jelly

將水果加入糖與酸後，以大火熬煮至釋出果膠，再以紗布過濾果肉，只留下類似麥芽糖的黏稠液體，色澤相當透明。

・參考：P46蘋果果膠、P50柑橘果膠或杏桃果膠等。

Marmalade

為柑橘類果醬的通稱，通常會把果皮或切或磨後作為材料之一，製成果醬後，可以明顯看到果皮均勻散布在果醬中。

・參考：P50柑橘果醬、P70金棗柳橙果醬、P98粉紅胡椒蜜柚果醬等。

Preserves

與Jam的作法很像，但通常是由兩種以上的水果熬煮而成，且能看到與吃到水果果肉。

・參考：P76芭蕉鳳梨果醬、P74雪梨百香果果醬、P130多C水果綠茶果醬等。

Conserves

Conserves是指果醬裡頭含有乾果、堅果類的食材，例如加入葡萄乾、核桃粒、乾棗類。

・參考：P140木瓜香草葡萄乾果醬、P148白蘭地杏桃百香果果醬等。

Fruit Butter

與Jam的作法相同，水果已拌煮變果泥，但繼續用食物調理機讓果泥口感更細緻，再回鍋煮到濃稠。而所謂「butter」是形容其絲滑口感，不是真的含奶油。

・參考：P144番茄紅酒無花果果醬、P108玫瑰蘋果果醬等。

自製「真果醬」享受食材和高級威

　　雖然市售的果醬價廉味甜，可是，它們不過是摻入化學甘味與色素，生產線大量出品的草莓、葡萄或柑橘果醬，充其量只能說是化學調味料，吃了不健康也容易厭膩。

　　為了能夠品嚐到真正用水果製成的「真果醬」，也避免吃下防腐劑和添加物，進一步更訂做喜愛的口味、低糖的配方等，「自己動手做果醬」自用或送禮，當然是最健康也最貼心的方法。

　　我在本書中即示範各種在台灣能買到的水果和食材，利用它們組合成五花八門的果醬配方，在自家廚房就能熬煮出濃郁鮮美的手工果醬，不僅有五星級甜點般的繽紛口感，更是吃得健康又安心的低糖手工果醬！

英國女皇的「薰衣草果醬愛情」

　　果醬的起源，最早可追溯到西元一世紀，歐洲人為了延長水果保存時效，發展出製作果醬的方法，形成一門食品保存的藝術與科學。

　　據說英國女皇依莉莎白一世（西元1533～1603年）特別鍾情「薰衣草果醬」，承襲至今，薰衣草果醬一直是英國皇室早餐的必備品；貴族社交圈興起的下午茶文化，更讓果醬從早餐餐桌延續到下午時光，它不僅能搭配冰淇淋、鬆餅、薄餅、司康、吐司、三明治、甜點及蛋糕，也常用來調味花果茶。如今果醬已成為歐洲一般家庭餐桌上必備的食品，法國料理更視果醬、醬汁為佐餐甜品的靈魂。

關鍵知識 2

做出極品果醬
的8大條件

製作手工果醬的材料與過程並不複雜，只要有水果、糖、酸就能熬煮得出來。只是素材條件一樣，成果卻未必會相同，真正要做出更上一層樓的「極品果醬」，以下8大條件缺一不可。

條件 1 使用當季盛產的鮮熟水果

水果在自然成熟當季時最好吃，也是熬煮成果醬的最佳時機。成熟的水果含有天然的水溶性果膠，才能作為果醬最主要的凝膠成分。

未成熟的水果含的是原果膠質，而非果膠，必須等成熟期水果本身的酵素才會將原果膠質分解成果膠，並軟化水果；而過熟的水果其果膠已被分解成果膠酸，無法製造出凝膠，更容易產生發酵般的酒味，拿來吃或做果醬都不適合。

◎ 台灣本產水果產季

盛產季	台灣本產水果
一～三月	柳橙・小番茄・蓮霧・草莓・葡萄(冬)・蜜蘋果・楊桃・香蕉・芭樂
四～六月	李子・桃子・火龍果・桑椹・香水鳳梨・西瓜・甜瓜・檸檬・奇異果・香蕉・芭樂
七～九月	芒果・荔枝・葡萄(夏)・火龍果・粗梨・金鑽鳳梨・西瓜・水蜜桃・龍眼・柚子・葡萄柚・甜瓜、百香果・木瓜・香蕉・芭樂
十一～十二月	甜柿・柑橘・蜜蘋果・雪梨・小番茄・蓮霧・葡萄柚・楊桃・草莓・洛神・百香果・木瓜・香蕉・芭樂

條件 2 利用果肉形狀來調整果醬口感

在準備材料時，水果果肉的處理形狀，如切片、切塊、切丁、切碎末、打成泥等，不僅會影響糖漬及熬煮的時間，也會讓果醬煮好後的口感大大不同。

我們可以依自己喜歡的口感來處理果肉形態，或者將兩種形態加以組合，豐富果醬的口感。

條件 3 利用水果本身創造膠狀質地

如果偏好果醬的質地是近似凝膠狀，可以選擇果膠含量較高的水果來製作，例如柑橘、草莓、奇異果、蘋果等；若用來製作果醬的水果膠質含量低，可選另一種果膠含量高的水果來搭配。

不過我的經驗是，即使果醬口感稀一點，美味也不減損。**如果真的想要有「果凍感」，則不妨花點時間熬煮果膠**，再將煮好的果膠摻入熬煮，就能創造出果凍般口感的手工果醬。

▲依個人喜歡的口感處理果肉型態。

條件④ 掌控糖漬、糖煮時間與火候

　　糖漬的過程，是為了要讓水果組織中的水分因滲透壓原理而釋出，使水果軟化；再經由糖煮的過程讓水果、糖、酸三者融合後，釋出果膠並蒸發水分。

　　糖煮時建議以中火為準，但並非一把火到底，因為果醬濃縮的過程中特別容易燒焦，必須小心調整火候。以本書的配方來說，**一鍋果醬以中大火熬煮的時間為20～30分鐘，再轉小火。**

▲利用不同水果的特性熬煮出膠質。

條件⑤ 仔細撈除澀汁與浮泡

　　幾乎每一種水果在熬煮果醬時都會產生澀汁和浮泡，此時必須耐著性子、仔細地撈除澀汁和浮泡，能使果醬的色澤、口感與風味更佳。

　　製作新手可能無法完全將澀汁撈盡，即使殘留一些也沒關係，保留一點微澀的風味也是特色，並不意味著果醬沒有做成功喔！

▲透過冷藏糖漬可釋出更多果膠。

▲熬煮時要徹底撈除浮泡及澀汁。

條件 6 適量「加糖」、「加酸」可增添風味

自製手工果醬時,適量「加糖」、「加酸」是決定美味的重要關鍵。建議的用糖量為水果:糖 = 5:3。

而酸味的部分則是使用檸檬汁,一則可補主角水果不足的酸度,同時讓水果在熬煮過後仍保持鮮豔的色澤。建議的酸味量為水果:檸檬汁 = 5:3,當果醬熬成後,整體酸鹼度最好介於PH值3.5～2.8之間;若個人喜好偏酸的話,可在起鍋前五分鐘試一下味道,再酌量加檸檬汁。

條件 7 放置足夠的「果醬熟成時間」

果醬裝瓶後,需先將果醬瓶倒扣,放置於陰涼處直到果醬冷卻為止,以達到殺菌的效果與真空的狀態。

接著再將果醬直立放置於室溫3～7天,讓煮好的果醬味道更融合,這段時間稱作「果醬熟成時間」。充分熟成的果醬不僅滋味更芳醇,也更有深度與層次。

條件 8 不添加防腐劑或化學添加物

真正好的果醬在燈光照射下會散發出晶瑩的果膠光澤,吃起來則有明顯的水果口感及香氣。

而手工果醬不僅擁有這些優勢,更重要的是,完全不添加任何化學成分、不明添加物、色素或防腐劑,不僅新鮮美味,又能吃得健康安心。

關鍵知識 3

在家做果醬的
10項**必備道具**

真正要開始動手自製果醬時，有些必備工具一般家裡廚房就找得到，但有些要特地準備，才能讓你輕鬆又安全地煮出美味果醬。請檢查以下這10項果醬DIY工具，都準備好了嗎？

道具 1 刀、砧板

水果在糖漬熬煮前，都必須切小或片狀，處理果皮、去籽、片柑橘類果肉時，也都要用到水果刀。水果刀要輕薄鋒利，而且平常要獨立使用，不要拿來切魚肉葱蒜等，以免沾味。而砧板選擇四周有凹線設計的，可以避免水果汁液溢流。

道具 2 削皮刀

一把好用上手的削皮刀，可説是做果醬事半功倍的利器。像蘋果、水梨、甜柿、甜瓜或木瓜等，比較不建議連皮一起熬進果醬裡，第一步驟就是要先把它們洗乾淨削皮，如要自製天然果膠就另議（見P39）。

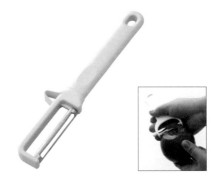

DIY果醬的12項**加分道具**

1.量杯
量杯多用來加水，沒有量杯也可以用秤重來計算，1毫升的水＝1公克的水。

2.食物調理機
較硬的水果果肉熬煮費時，可先用食物調理機（果汁機、磨泥器）磨成泥。

3.刮皮刀
做柑橘類果醬常會加果皮，會切薄皮或細長絲，此時使用刮皮刀才會順手。

道具 3 榨汁器

需要使用榨汁器時，多是在做果醬三大基本食材之一的「酸味水果」時（見P29），必須拿檸檬或金桔榨汁來摻入。榨檸檬汁可不是件小事，通常需要連擠個兩、三顆，用手擠的話夠讓人手痠的了！建議還是使用榨汁器比較省力，也能儘量將果汁壓擠出來，不會浪費食材。

道具 4 食物調理秤

在熬煮果醬時，正確的秤重是成功的重要關鍵。市售的食物調理秤分彈簧秤、電子秤兩種，以便利性來說，選擇電子秤比較精準（使用時務必先歸零再秤重），若預算有限，或已有一般市售的小彈簧秤也可以，不過由於本書中的食材水果多以600公克為基礎量，建議準備最大秤重量超過1公斤者為宜。（詳細秤重方法見P32）

4.大玻璃盆
耐酸的玻璃盆可裝切好的材料、放進冰箱中冰鎮糖漬，也可用不銹鋼盆替代。

5.耐熱橡皮刮刀
可攪拌冰鎮糖漬的材料，或果醬煮好後把鍋內刮乾淨，也可用木匙或不銹鋼匙替代。

6.濾汁撈網
用來瀝出果汁、果膠，或瀝除籽渣、其它雜質等，擠檸檬汁時隔網最好用。

道具 5 銅鍋

　水果多含有天然果酸，因此熬煮果醬時，要選擇耐酸、導熱均勻又迅速的鍋子為宜，幾乎歐洲的甜點師傅都是靠著銅鍋打天下的喔！不過也可以用不銹鋼鍋替代，但在熬煮時要注意邊攪拌，以免果醬燒焦、黏鍋，或是受熱不均勻！

道具 6 耐熱手套

　熬煮果醬的終點溫度為攝氏103度（糖煮沸騰的溫度），無論攪煮果醬時扶著鍋子，或果醬裝瓶時，一雙耐熱手套絕對是必要的。你可以用一般的布手套，或是特製耐高溫的橡皮耐熱手套，都可作為煮果醬時的好幫手。

道具 7 木製長柄攪拌匙

　煮攪果醬的攪拌匙必須具有耐熱200度以上、耐酸且不導熱的特性，故以木匙為宜，不過木製餐具容易沾附東西，建議使用前後務必清洗乾淨，且用以天然洗滌劑清洗。而握柄長度約30公分為佳，避免攪拌時被熱氣或是噴濺的熱液燙傷。

---

7. 大撈網
熬煮時把較軟的果肉撈起再放入，可保留果肉形狀；撈網也可瀝乾水果水分。

8. 計時器
可精準測量茶類食材燜泡的時間，或是作為熬煮果醬時設定或調整步驟時間。

9. 溫度計
判斷果醬是否熬好，鍋內果醬的終點溫度（攝氏103度）是明確的判斷方法。

道具 9 耐高溫密封玻璃罐

裝果醬的瓶子必須耐酸、耐熱、耐冷，才經得起剛煮好的熱果醬，又要放進冰箱冷藏；果醬本身含酸，瓶子還必須能完全密封，果醬才不會腐壞。建議選擇符合煮好果醬之公克數容量、透明廣口玻璃瓶；注意若搭配的是金屬瓶蓋，最好內層有經過樹脂加工比較耐酸，才能確保保存品質。

道具 8 雙層濾網

水果在熱煮過程中或多或少都會產生澀汁和泡沫，這是水果的天然成分，雖然不至於有害身體，不過會影響果醬味道，產生澀味，建議還是儘量撈除。所用應選雙層濾網，且直徑9～10公分左右，較好操作又能撈得乾淨。

道具 10 水滴型長柄杓了

由於果醬瓶的瓶口不大，在裝瓶時很容易流出來，又可能被燙傷，建議用水滴型的長柄湯匙，其小收口（水滴尖頭處）能直接深進果醬瓶中。它在一般烘焙材料行就能買到，如果預算有限，家中盛湯用的大湯匙可以替代。

DIY果醬的12項**加分道具**

10. 酸鹼試紙
果醬味甜性酸，最佳酸鹼值介於PH 2.8～3.5，吃來味美又健康，酸鹼試紙在烘焙材料行有售。

11. 小湯匙
果醬快煮好時不妨以小湯匙挖一點嚐看看，再更細調到喜歡的酸甜。

12. 寬口漏斗
果醬裝瓶時，用漏斗讓滾燙的果醬汁液順利裝進瓶中，避免被燙傷或果醬溢出。

關鍵知識 ④

自制極品果醬的
3種**基本食材**

《 1 · 水果 》

「水果王國」台灣，一年四季都有鮮美好吃的水果。水果除了挑選本產當季、特定喜好和功效的現吃，還能發揮巧思與實驗精神，與不同食材、糖、酸做融合，創作出專屬的手工果醬。

❶ 草莓

不管大人或小孩，都無法抗拒草莓初戀般的酸甜紅嫩，只要做成果醬就可以延長享用時間，且它含鞣花酸不會受高溫破壞，加熱加工後仍有抗病作用。（見 P48）

·產季：十一月～四月。

❷ 葡萄

紫色水晶般的巨峰葡萄總帶著令人垂涎的酸甜艷香！本書介紹的紫葡萄果醬作法，特別留葡萄籽一起熬煮，攝取更多營養與口感。（見 P54）

·產季：巨峰葡萄夏果六月～九月，冬果十一月～二月。

❸ 洛神

洛神花產期短、味道偏酸，很少人直接吃，但它營養素佳，建議加糖冰漬一晚後熬成果醬，可佐餐或拿果醬沖茶喝！（見 P78）

·產季：十月～一月。

❹ 水梨

很少人用水梨煮果醬，但我特別愛它的清甜淡香。梨肉含大量水分、果糖、蔗糖，做成果醬典雅滋味完美呈現。（見 P74、112、124）

·產季：世紀梨八月～九月、豐水梨六月～八月、福壽梨八月～十月、雪梨十月～十二月。

5 蘋果

蘋果的果膠含量豐富，最常被用來熬煮天然果膠，而且味道清香，和多種水果一起熬醬都超搭！採買時選用果皮無上蠟。（見 P46、66、88、90、108、124）

· 產季：台灣蜜蘋果十一月～二月。

→我喜歡用「玉女小番茄」來製作果醬。

6 番茄

只用番茄單一水果煮成果醬，會類似番茄醬，鹹甜用途皆宜；若再稍加創意，與其它水果或食材搭配，就會變成可口的西式甜品！（見 P144）

· 產季：聖女小番茄十月～三月。

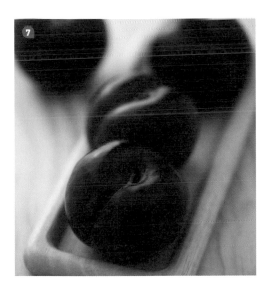

7 加州李

李肉滋味酸中帶甜，果膠含量高，加州李、在地紅肉李、黃肉李等都適合製醬、醃蜜餞、釀酒；李子果醬佐雞肉、豬肉都很美味。（見 P58）

· 產季：五月～六月。

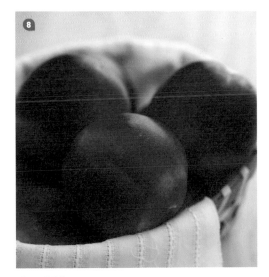

8 甜桃

硬桃甜脆多汁，軟桃有水蜜桃般的滑嫩口感。甜桃加入紅酒，可做酒漬蜜甜桃；或做成枇杷甜桃果醬，更能提升甜桃美味！（見 P116）

· 產季：四月～六月。

⑨ 甜柿

起初只是抱著試試看的心情,沒想到做出甜柿果醬是這麼好吃!甜柿果醬還能變身果茶醬、釀成甜柿醋。(見 P56)

· 產季:九月～十二月。

⑩ 甜瓜

某個美濃瓜產季,鄰居送了我一整箱,我拿一些糖漬冰鎮,準備試試煮成果醬。嗯～冰冰涼涼的吃,好像甜瓜軟糖!(見 P90)

· 產季:四月～十月。

· 功效:甜瓜含有豐富的蛋白質、脂肪、醣類、維生素等,多吃可以清熱利尿、保護肝腎。

⑪ 西洋梨

在一家小 Café 吃了焦糖西洋梨派之後,引發我的靈感。西洋梨打成泥口感很綿密,或用片狀果肉來煮成果醬,都會保有西洋梨獨特的清香,很有異國風。(見 P146)

· 產季:十月～五月。

⑫ 奇異果

帶著想要把小綠球裝進玻璃瓶中的心情,就挽起袖子煮起了奇異果果醬。它 Q Q 的果肉帶自然微酸草香,小黑籽們增添咬感。(見 P122)

· 產季:三月～六月。

→百香果以香氣取勝，
果籽也很有咬趣。

⓭ 百香果

百香果可惜果肉和果膠都少，必須搭蘋果、水梨等其它水果來熬煮果醬，但其香氣濃郁，能一起煮出奔放熱情的果香味。（見P74、102、122）

‧產季：六月～十二月。

⓮ 火龍果

沒想到果香淡、甜度低的火龍果也適合做果醬，它能襯托出其它材料的香氣，像蜜香、酒香、茶香及花草香等。（見 P118）

‧產季：七月～十一月。

⓯ 香蕉

香蕉當早餐或提神的下午茶，營養滿分；香軟口感也超適合搭堅果、巧克力熬煮果醬。（見 P96、136）

‧產季：全年。

⓰ 芭蕉

比起香蕉，我更愛芭蕉帶點野性的香甜，芭蕉滋味微酸澀、口感軟Q，很適合搭酸味水果製醬。（見 P76）

‧產季：全年。

❶❼ 木瓜

木瓜成熟後不易保存，但香氣很有特色，因為有個小小孩很愛吃木瓜，所以我發揮創意搭其它食材來試做,木瓜果醬就誕生囉！（見P140）

· 產季：八月～十一月。

→ 切鳳梨時先去頭尾，再放直切邊。

❶❽ 鳳梨

記憶中的第一款手工果醬，是阿嬤煮的蜜鳳梨醬，好喜歡！在熱天午後，淋上一大匙蜜鳳梨醬在挫冰上，那熱情澎湃、透心涼的滋味真是棒！（見 P76、102、130）

· 產季：五月～七月

❶❾ 金桔

金桔甜度很低，不適合單一熬醬，但金桔檸檬汁又這麼好喝！就把桔柑橘檸這家族的一起做果醬，真是超搭的好夥伴。（見 P70、130）

· 產季：十一月～一月。

❷⓿ 金棗

宜蘭特產蜜金棗是季節限定，每到產季我就喜歡做果醬分送親友。也可對切去籽，與適量話梅、甘草片、冰糖混合，放冰箱醃漬一天一夜，是助消化、去口氣的好零嘴。（見P70）

· 產季：十一月～三月。

21 柳橙

橙肉香甜多汁，熬成經典
Marmalade 宛如保留一罐鮮橙精
華。(見 P70、92、130、134)

・產季：十二月～二月。

22 柑橘

果醬食譜不可少的 Marmalade，
柑橘類多種品種其酸甜香、口感
都各具特色；煮去苦味的果皮香
氣絲絲入扣，讓果醬充滿成熟韻
味。(見 P50)

・產季：九月～十二月。

23 檸檬

檸檬汁酸、皮香微苦，幾乎做各
種果醬都少不了它；夏日午後更
需要這振奮心神的綠色點滴。(見
P78、82、114、130)

・產季：五月～七月。

24 葡萄柚

我愛用紅肉葡萄柚熬煮果醬，只
為那目眩神迷的晶紅透橘色調；
餘味則微苦回甘，相當迷人。(見
P66)

・產季：八月～十二月。

25 柚子

中秋應景水果有了長保美味的方
法！柚肉清甜多汁，柚香果醬能
泡茶飲用，還能佐肉料理、拌沙
拉、做甜點。(見 P98)

・產季：八月～十一月。

26 水蜜桃

台灣在地拉拉山水蜜桃，挑選時要
注意底部渾圓，柄部有道溝，果形
大、多汁、甜度高熬煮成果醬香氣
濃郁，不論是塗抹麵包或是搭配氣
泡水，都非常美味。(見 P60)

・產季：五月～八月

《 2 · 糖類 》

「糖」是果醬甜度的基底調味料，製作果醬用的是純度高、無色且味道單純的糖。食用糖依純度分為：冰糖（99.9%）、白砂糖（99.5%）、綿白糖（97.9%）、赤砂糖（89%，也稱紅糖或黑糖），而常用來做果醬的糖類其特性說明如下。

❶ 冰糖

冰糖是由砂糖高溫提煉、萃取其單糖自然結晶製成，一公斤砂糖約可煉取半公斤冰糖。其特色是口味甘醇、甜度適中，可增加果醬甜度，還能中和多餘的酸度，不會有像砂糖食用後回酸的味道。

· 功效：中醫解析冰糖能潤肺止咳、清痰去火，是料理食療的上選，也常作為糖果、果凍、水果酒等高級食品的甜味劑。

❷ 細砂糖

「砂糖」通常指白砂糖，是最被廣泛使用的食用糖，常用於糕點製作調味，還可使成品蓬鬆柔軟。

· 功效：砂糖也適合摻入茶、咖啡中調味，或用來延長食物的保存期限，如醃漬蜜餞、製作果醬。

❸ 麥芽糖

麥芽糖是有延展性的軟黏液體，加水溶解會化作葡萄糖，味甘淡雅。麥芽糖完全不含水分且黏度高、耐酸、耐凍，是糖漬的最佳原料，自古就常被拿來當防腐劑。其甜度比其它糖類相較低，適合製作健康醋和水果原液。

· 功效：中醫解析麥芽糖有養顏、補脾益氣、潤肺止咳、開胃通便等效用。

《 3 ‧ 酸類 》

水果、糖、酸是製作手工果醬缺一不可的三元素,而其中的酸味來源,不僅能提升水果本身不足的酸味,同時能讓水果內含的「原果膠」在加熱的過程中釋放出來,藉此調整手工果醬的酸鹼值,而吃得健康。

❶ 檸檬

檸檬果肉含有 5% 的檸檬酸,是酸味水果中酸度最高、甜度最低的果汁。不但有獨特的清香,又不至於搶了搭配水果的主調,故最常用來做果醬的酸味來源。

❸ 百香果

百香果汁有酸度又帶點微甜,尤其濃郁熱情的果香味很誘人,可同時增添果醬的酸度和風味,也可與檸檬汁混搭。

‧其它酸類水果:李子、桑椹,打成汁來調味,水果本身的紅、紫色還是果醬很棒的天然染色劑。

❷ 金桔

酸度偏高的金桔帶有柑橘類特有的果香味,熬煮柑橘類果醬時若取代或混搭檸檬汁,會產生令人驚喜的香氣層次。

❹ 純米醋

純米醋含豐富的維生素、胺基酸、有機酸、醋酸菌等有益健康的成分。因為酸度高,可微量添加在果香味濃厚的水果中,來調整果醬的酸鹼值。

關鍵知識 ⑤

極品果醬一煮就成功
的7大步驟

　　即使面對同一款成功的果醬食譜，因應每次水果酸甜、用途不同、口味改變等，每次自製的作法都會稍有調整，而成果呈現的細微差異，正是手工果醬的迷人之處。

　　不要擔心自製果醬的過程是否繁瑣，即使是有把握的老手，每次做果醬也都是從頭到尾在製作一批新的創作，當中必做的步驟也是每個都有到位喔！我整理出這七個極品果醬DIY步驟原則，發現它們也就是煮果醬會成功的關鍵。

示範果醬 蘋果果醬

材料

富士紅蘋果約4顆取果肉	600公克
綠檸檬約2顆榨汁	35公克
冰糖	320公克
冷開水	150毫升

步驟1 ▶ 消毒瓶罐

確實消毒果醬瓶是保存果醬的重要關鍵之一。我建議的消毒方式有A、B兩種：

A 烤箱消毒法：

❶ 把果醬瓶先用清水洗乾淨，特別注意瓶內邊緣和開口螺紋處。

❷ 用夾子把瓶子夾進烤箱，用100度烘烤5分鐘消毒即成。

B 沸水消毒法（二選一）：

❶ 煮沸一鍋水，果醬瓶用清水沖洗後，用夾子夾進滾水消毒5分鐘取出。

❷ 把瓶子倒立放置晾乾，直到水分完全蒸發乾燥才可使用。

步驟2 ▶ 差異化處理水果

不同水果應該用不同的清洗與處理步驟。原則上，清洗的方式包括沖洗、刷洗、浸洗、漂洗等，例如蘋果沖洗後再去皮、去核；草莓要浸泡、漂洗、瀝乾再剪蒂等，**目的當然是要去除農藥、染劑、髒污，和控制果醬口感**，詳見P46～148各款果醬的作法說明；而水果的基本處理則有去皮、去籽、去核、去白膜等程序，之後再切成所需的水果形狀，會直接影響果醬熬煮時間和口感，詳見P36～37。

A 處理蘋果：

❶ 把富士紅蘋果沖洗乾淨。

❷ 瀝乾蘋果水分。

❸ 幫蘋果去皮。

❹ 幫蘋果去核後備用。

B 處理綠檸檬：

❶ 把綠檸檬外皮沖洗乾淨。

❷ 用乾淨廚巾把檸檬表皮水分擦乾。

❸ 把檸檬從腰部對切。

❹ 用榨汁器榨汁裝碗備用。

步驟 3 正確歸零秤重方式

　　本書中製作果醬與吃法的材料分量,皆是指去除不使用部位後的「淨重」,例如去皮、去核、去籽、去梗之後;此外,秤重時要扣除盛裝容器的重量,例如**先把碗放上電子秤,秤會顯示出碗的重量270克,碗不要拿下來,此時將秤按「歸零」,再把要秤的材料放入、倒入碗內,顯示的材料克數才是我們要用的**,避免嚴重誤差。而盛裝容器改變時,務必再做一次歸零動作。

A 秤蘋果肉600公克:

① 空盆放上電子秤後按歸零,再把去皮去核的蘋果果肉放進盆秤600公克。

② 平分成兩大碗各300公克。

③ 一碗的蘋果切成0.7公分正方的小丁。

④ 另一碗切成碎末備用。

B 秤檸檬汁35公克:

① 打開電子秤。

② 放上空碗準備裝檸檬汁,此時顯示為空碗重量。

③ 電子秤按歸零,碗不要拿下來。

④ 把榨好的檸檬汁倒入碗秤35公克。

C 秤冰糖320公克:

同上秤出碗重再歸零,再把冰糖放入碗秤320公克。

步驟 4 冰鎮糖漬

　　糖漬冰鎮這個步驟的目的是為了讓冰糖融化，並透過滲透的原理，讓水果細胞中的水分釋出，使之軟化脫水；並使水果果肉、冰糖的糖、檸檬汁的酸更加融合。**建議放進冰箱中冷藏的時間最好10～12小時，否則至少4小時。**

A 拌勻所有食材：

❶ 把蘋果丁、蘋果碎末、檸檬汁、冰糖一起放進玻璃盆，也可用不銹鋼鍋。

❷ 把所有材料充分攪拌均勻。

B 放冷藏庫10～12小時：

❶ 把玻璃盆用保鮮膜封好。

❷ 放進冰箱冷藏庫10～12小時。

❸ 期間每3～4小時取出查看出水狀況，把下層冰糖和水果翻上來、拌勻。

❹ 再放回冰箱冷藏。

C 到時取出觀察是否需加水：

❶ 冰鎮糖漬時間已到，取出觀察冰糖融化後糖水應蓋過水果。

❷ 如果糖水尚未蓋過水果，可加適量的水，不要加超過150毫升。

步驟5 爐火熬煮

以熬煮600公克（1台斤）的水果來說，使用「中大火」的爐火強度開始熬煮較為恰當。所謂「中大火」，約使爐火最外層火焰的高度和銅鍋內的果醬量齊高即可。待煮沸後，再視果醬濃縮狀況調整火力，但即使調整為「小火」仍不得過小，以免果醬不易凝結。熬煮果醬的總時間約在30～45分鐘，但會受到氣溫、水果含水量多寡、爐火大小，以及糖、水的添加而有所增減。

A 中大火煮沸一邊攪拌：

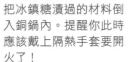

把冰鎮糖漬過的材料倒入銅鍋內。提醒你此時應該戴上隔熱手套要開火了！

以「中大火」熬煮、不時用長木匙攪拌，沸騰後轉「中小火」並維持沸騰狀態。

B 一邊撈除泡沫澀汁：

邊煮沸時，果醬表面會產生懸浮物和泡沫，即為澀汁。

用長柄的雙層濾網將澀汁撈除。

澀汁撈乾淨了！避免影響果醬味道。就算難免有點殘餘也視為正常，不要覺得挫敗。

C 煮到103度、濃縮為1/2量：

持續加熱、攪拌，直到果醬變濃稠。

觀察攪拌時，果醬整個是否呈凹陷狀。

此時果醬溫度約為攝氏103度（此為果醬終點溫度，有殺菌效果）。

再持續熬煮，直到果醬濃縮至僅剩1/2的量。

D 測酸鹼度、試吃：

把爐火轉為「文火」，用酸鹼試紙測果醬的酸鹼值是否介於PH3.5～2.8理想值。

用小湯匙試吃果醬味道，若覺得不夠酸，可加點檸檬汁。

步驟6 果醬趁熱裝瓶

果醬煮好後，趁熱在果醬仍維持攝氏85度以上時裝瓶（溫度低於80度才裝瓶容易滋生細菌），約裝至八到九分滿即可，並立刻蓋上瓶蓋鎖緊。

A 趁熱裝罐倒扣：

❶ 見果醬已呈濃稠、凹陷後即關火。

❷ 隨即用勺子把熱果醬裝進消毒過的果醬瓶內，裝八、九分滿即可。

❸ 趁熱蓋上瓶蓋、轉緊。

❹ 趁熱倒扣靜置。

步驟7 真空保存熟成

果醬裝瓶時不裝滿、保留些許空隙，是為了讓果醬瓶倒扣時，可以將多餘的空氣擠壓出來，使果醬瓶內具有真空的效果，同時也利用果醬的高溫熱氣幫瓶蓋殺菌。

A 倒扣靜置30分鐘：

❶ 把倒扣的果醬瓶靜置30分鐘以上，讓果醬完全冷卻後再移動，以免影響果膠凝結。

B 直放室溫3～7天後冷藏：

❶ 倒扣結束後，把果醬瓶沖洗乾淨。

❷ 果醬瓶直放置於室溫3～7天，使果醬熟成。

❸ 直立放進冰箱冷藏庫保存，就大功告成！

保存手工果醬的3大關鍵

　　自己在家做的手工果醬，因為沒有放防腐劑，或任何化學藥劑來延長保存期限，因此特別需要注意以下三大關鍵，以自然的方式來達到殺菌制菌的效果：

1. 利用糖高溫熬煮米殺菌 → **果醬的終點溫度為攝氏103度。**
2. 利用酸來調整酸鹼值，抑制細菌滋長 → **理想值介於PH3.5～2.8。**
3. 利用真空保存，避免細菌產生 → **趁熱裝瓶倒扣靜置30分鐘以上。**

　　此外，台灣的氣候悶熱、溼度高，建議果醬3～7天熟成之後，立即放進冰箱冷藏庫保存，請記得在瓶上標記熟成日期。冷藏、未開封的手工果醬食用期限可到6個月左右，如果常開關、湯匙舀吃者約保存3個月，甚至更短。果醬表面或底部變色長斑、瓶蓋凸起者就是變質了，千萬不可食用。

關鍵知識 6　讓果醬更美味的3大祕訣

　　每個人喜歡的果醬口感不同，有人喜歡果實的顆粒感，有人覺得果醬就應該是很單純地濃稠。無論你喜歡何種口感，都可以利用事前處理水果時切出不同的果肉形狀，讓熬煮過後的果醬符合你最喜歡的滋味。

《 1・處理果肉形狀來調整口感 》

① 泥狀

　　煮成果醬後完全看不出水果的形體，但可以用來增加果醬的濃稠度。不過我建議果泥的使用量要控制在總水果份量的1/3～1/2，因為如果把水果都處理成泥狀，在熬果醬時，鍋底熱燙的蒸氣沒有縫隙可以冒出來，很容易有發生噴濺，造成燙傷。

② 細末狀

　　煮成果醬後，外觀看起來有細緻的果肉，吃起來略帶存在感。以蘋果果醬（P46）為例，當果肉完全煮成透明後，保存時可以看到像結晶寶石的果粒，美麗又可口。細末狀的優點在於，當水果的果膠被熬煮出來的同時，水果也已經煮透了，較容易判斷已煮好該關火了，很適合新手應用。

③ 粗末狀

　　煮成果醬後，憑肉眼就能看到明顯的果粒，且吃到很紮實的果肉。以蘋果果醬來說，甚至還可以吃到果肉中心微脆的口感，宛如糖煮水果，因此也很適合用於再製甜點上。

④ 小丁狀

　　是最適合熬煮果醬的大小與形狀，由於接觸熱源的面積均等，果粒可以充分、同步地受熱，能加快熬煮的時間。小丁狀幾乎適用於各種水果，特別是帶點硬度及熬煮過後仍能保留固體形狀的水果，如蘋果、水梨、芭樂等。

⑤ 細條狀

　　煮成果醬後，從瓶外就能看到長短不一的細條狀果肉。適合單獨做果醬，也能和果泥混搭；如果用兩種不同顏色或味道的水果混搭熬煮，成品顏色和香氣就會變得更有層次，是很適合拿來「做實驗」的果肉形狀。

⑥ 銀杏葉狀

　　熬成果醬後，果醬內會有一小片一小片宛如銀杏葉且薄如蟬翼的三角狀。我習慣切得薄一點，讓果肉煮過後，擁有入口即化的自然口感，也讓果醬看起來很有童趣。

⑦ 片狀

　　熬成果醬後，視水果本身的硬度，可能已經煮化了、也許形狀完好，是最能品嚐到水果果肉風味的形狀。最常以片狀下鍋熬醬的水果非香蕉莫屬，其它像蘋果、水梨、李子、柳橙及檸檬等，也可以切片做果醬，但吃起來會比較像糖漬水果的感覺，

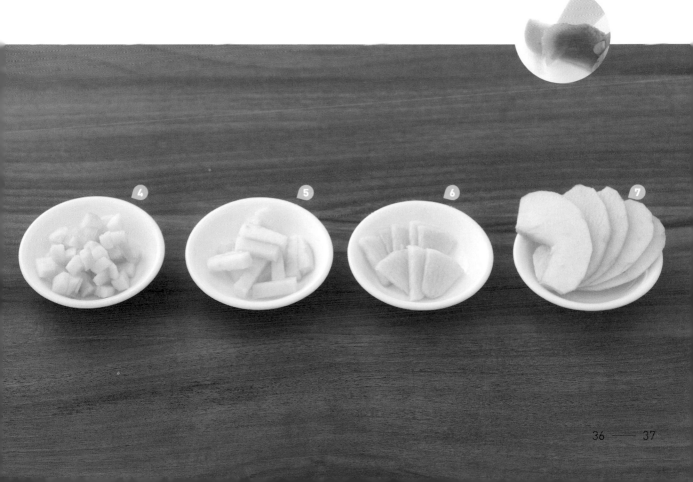

《2 · 用自然手法增加果醬濃稠度》

　　手工果醬有時不易形成市售果醬的濃稠口感，但如果你比較習慣吃到「稠稠的」果醬，還是有方法能在不添加「多餘」成分之下，達到喜歡的濃稠度。以下三種方法，大家可以多嘗試。

❶ 加入果泥

　　如上頁所述，將水果處理成果泥狀，可以增加果醬的濃稠度。所以在處理材料時，用部分比例的水果以食物調理機或磨泥器磨成果泥，再和其它形狀的果肉一起熬煮，就能讓果醬既飽含果粒，又濃稠到能享受「塗抹」的樂趣，可以多試試看，人氣度超高！

❷ 手碎果肉

　　有些軟質的水果本來就很容易破碎，不方便用切碎的，磨成果泥又幾乎嚐不出水果質地，此時不妨以手掌的力量直接捏碎水果，形成一種像「軟冰淇淋」的樣子，也能增加果醬的濃稠度並保留果肉感。適合手碎法的水果包括奇異果、火龍果、香蕉、酪梨、草莓等。

❸ 自製果膠

　　手工果醬最推崇的就是健康天然，即使要加入果膠，當然也是自家做的最安全衛生，而且只要用最容易取得的蘋果來製作！自製蘋果膠有以下注意事項提醒大家，製作與使用起來會更順手：

1. 蘋果的果膠成分存在於果皮與果肉之間，因此蘋果洗淨擦乾後，無須削皮即可使用。

2. 果膠的添加比例 ＝ 水果每600公克：添加60～75公克果膠。

3. 紅蘋果、青蘋果都可以用來熬煮蘋果膠，**喜歡果醬甜中帶酸，則用紅蘋果；喜歡偏酸風味，則用青蘋果。**

4. 蘋果膠若沒有立即使用完畢，需裝在保鮮盒放進冰箱冷藏庫。下次要用時再取出，先預熱再加入果醬一起煮。

果膠完成！

材料 ╱

紅或青蘋果約4顆免削皮	600公克
綠檸檬約2顆榨汁	25公克
冰糖	300公克
冷開水	150毫升

作法 ╱

1 把蘋果沖洗乾淨，晾乾或擦乾後免削皮切8等份。

2 把蘋果、檸檬汁、冰糖、水放進銅鍋中拌勻。

3 用中大火煮25～30分鐘，到蘋果變軟且呈半透明狀；期間需持續攪拌和撈除澀汁。

4 趁熱以篩網過濾蘋果果肉，並用木湯杓擠壓出蘋果果膠。

5 再用乾淨的濾豆漿紗袋過濾一次，蘋果膠即完成。

《3‧混搭另類材料風味更讚》

製作果醬,除了前述水果、糖、酸三種基本食材之外,還可以加入各式各樣的配料,讓果醬更富變化、提升果醬的風味,也創造獨家品味。我提供以下七大類和其它更多元材料,供各位發想應用;在本書以下單元中,也有相關手作果醬示範,可先查閱P6~9目次頁。

刮絲

① 果皮

柑橘類的水果果皮都是能增添果醬風味的好食材,例如:橘子皮、柳橙皮、檸檬皮等;而切成不同形狀,如細條狀、刮成絲、切碎、磨碎都能產生不同風味。尤其是檸檬皮,即使只加一點點,也能幫果醬畫龍點睛,展現風味層次。

‧參考:P66紅蘋果葡萄柚果醬、P70金棗柳橙果醬、P78檸檬洛神花果醬等。

細條

切碎

② 花草

水果搭配花草香,能創造出令人意想不到的驚喜美味,也讓手工果醬的變化更上一層樓。例如:玫瑰、桂花、薄荷、迷迭香、薰衣草、馬鞭草、檸檬草、茉莉花、菊花等,都能搭配水果熬煮果醬。

‧參考:P114薄荷青檸果醬、P118薰衣草火龍果果醬、P122馬鞭草奇異果果醬等。

玫瑰

桂花

薄荷

迷迭香

薰衣草

馬鞭草

③ 香料

香料也是常見的手工果醬食材，包括：香草籽、黑胡椒、白胡椒粒、粉紅胡椒、花椒、肉桂、丁香、八角、茴香及薑等。要注意的是，風味強烈的香料必須少量、少量地分次加入，以免一時手抖加太多，壞了一鍋的美味。

· 參考：P96八角黑糖香蕉果醬、P98粉紅胡椒蜜柚果醬等。

香草

肉桂

丁香

八角

粉紅胡椒

茴香

④ 果乾

果乾可以加入果醬熬煮，或只直接用來熬煮成果醬，市面上常見的果乾有：無花果乾、葡萄乾、蔓越莓果乾、杏桃乾、芒果乾、龍眼乾、黑棗、紅棗及椰子絲等。不過在選購果乾時，要特別注意它是否加了糖或其它調味料，以免摻入果醬影響了甜度與風味，吃了也不健康。

· 參考：P140木瓜香草葡萄乾果醬、P144番茄紅酒無花果果醬等。

無花果乾

葡萄乾

蔓越莓果乾

杏桃乾

紅棗乾

椰子絲

❺ 堅果

核桃、腰果、開心果、夏威夷豆、杏仁、南瓜子等，都是很適合摻入果醬的堅果食材。選購時儘量挑選生堅果，在熬煮果醬前用烤箱烤熟，放涼後掰成小塊狀，待果醬即將完成時再加入拌勻，就能同時享用水果的甜與堅果的香。

· 參考：香蕉核桃果醬等。

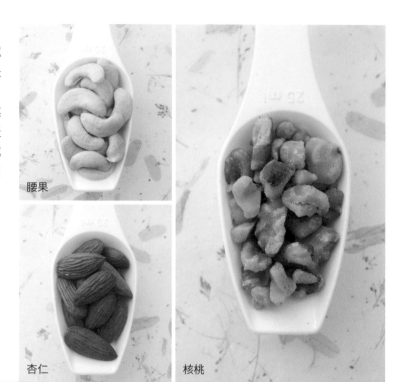

腰果

杏仁

核桃

❻ 茶

紅茶、綠茶、伯爵茶、烏龍茶、東方美人茶等，由於茶汁風味獨特，配做果醬需特別注意濃淡的調整。建議先將茶葉或茶包浸泡取出茶汁後，再分次、適量加入果醬中熬煮。

· 參考：P130多C水果綠茶果醬、P134柳橙紅茶酒香果醬等。

紅茶

綠茶

伯爵茶

烏龍茶

東方美人茶

❼ 酒

　　紅酒、白酒、白蘭地、蘭姆酒、威士忌，以及各式水果利口酒，都能作為增添果醬風味的酒類，讓果醬具有醇厚的底韻。同時，在果醬起鍋前加入適量的酒，也有殺菌作用。

· 參考：P136香蕉蘭姆巧克力果醬、P144番茄紅酒無花果醬。

紅酒

白酒

蘭姆酒

威士忌

君度橙酒

❽ 其它

　　還有一些其它日常食材也常用來摻入果醬，提引其獨特的風味，例如：果片、牛奶、巧克力（建議選擇糖度較低者）、海鹽，以及各式風味糖，如海藻糖、蜂蜜、黑糖、楓糖等，都能使果醬滋味更具層次變化。

· 參考：P146西洋梨焦糖果醬。

果片

海藻糖

牛奶

巧克力

Part 2

單品果醬

取最簡單食材，熬出濃醇香！

擔心自己做果醬不會成功嗎？那就從只用一種水果的果醬開始製作吧！只要幾個簡單的步驟處理水果，再用糖煮出具有單一獨特風味的香甜果醬，不必加其它添加物，就是最有健康概念的天然極品果醬了！

爽脆多汁的紅富士，單一芳醇的清新口感

蘋果果醬

粉嫩淡黃的蘋果果肉經過糖漬熬煮，
透成晶瑩閃耀的黃色寶石，
滴出蜜來的果實美味，通通收在這一罐果醬裡。

材料

富士紅蘋果約4顆取果肉……600公克

綠檸檬約2顆取果汁…………35公克

冰糖…………………………320公克

冷開水………………………150毫升

inda's 極品果醬祕訣

1. **材料選擇**：購買蘋果時，注意不要挑選果香過於濃郁的蘋果，因為蘋果在九分熟時即會散發出清香的果香味，而當果香過於濃郁時，蘋果已經過熟了，便不容易煮出果膠。

2. **處理果皮**：若想連同果皮一起熬煮果醬以增加口感，但又擔心果蠟或農藥殘留時，可以使用雙手可接受的溫熱水來清洗果皮便能洗淨。

作法

01　將綠檸檬洗淨、對切後榨汁，取35公克。

02　將蘋果洗淨去皮、對切後去核，切大塊均分成兩等分。

03　一半的蘋果切成0.5公分正方的小丁；另一半則切成碎末。

04　將蘋果、檸檬汁與冰糖放在玻璃盆內拌勻，並用保鮮膜封好。

05　放進冰箱10～12小時，約3～4小時需取出來攪拌一次。

06　自冰箱取出，倒入銅鍋內以中小火加熱並不時攪拌。

07　煮沸後將澀汁撈除。

08　持續加熱與攪拌，直到果醬濃縮至僅剩1/2。

09　待果醬呈濃稠狀態後即可關火。

10　將果醬裝進瓶內，蓋上瓶蓋後趁熱倒扣。

11　倒扣30分鐘後洗淨瓶身，置於室溫3～7天再放進冰箱中冷藏。

超級大眾緣，受歡迎度NO.1的口味

草莓果醬

鮮豔欲滴的紅色果實，
光看就令人食指大動。
誘人的天然果粒跳躍於
唇齒與味蕾之間，
這般幸福甜蜜的滋味，
保證大人小孩都欲罷不能。

材料 ／

草莓去蒂取數十顆……………600公克
綠檸檬約2顆取果汁…………30公克
冰糖……………………380公克

1. **材料選擇**：製作草莓果醬時，建議選用中型的2號草莓，不過由於草莓較易有農藥殘留的疑慮，處理時務必要放在流動的水中浸泡，使農藥溶於水後，再去除蒂頭。
2. **熬煮技巧**：在煮草莓之初、尚未出水前，需以小火熬煮並輕輕攪拌，以免破壞了草莓果實的完整度。

作法 ／

01 將綠檸檬洗淨、對切後榨汁，取30公克。

02 將草莓裝在盆中以流動的水浸泡15分鐘後，漂洗3～5次再瀝乾。

03 將草莓的蒂頭與果實交接處剪開後，再漂洗一次並瀝乾。

04 冰糖與草莓以分層的方式放在玻璃盆內，倒入檸檬汁用保鮮膜封好，放進冰箱10～12小時。

05 自冰箱取出倒入銅鍋內，以小火煮至出水，再轉中火煮至沸騰。

06 續煮10分鐘，重複攪拌與撈除澀汁。此時果醬容易滿溢需注意。

07 將草莓果粒撈起，保留草莓糖漿續煮5分鐘，需保持在沸騰狀態。

08 倒入草莓果粒，持續攪拌直到鍋中的果醬變濃稠即可關火。

09 將果醬裝進瓶內，蓋上瓶蓋後趁熱倒扣。

10 倒扣30分鐘後洗淨瓶身，置於室溫3～7天再放進冰箱中冷藏。

Recipe 3

台灣的在地滋味，純樸鄉間的Marmalade

柑橘果醬

黃澄通透、橘香濃郁的台灣茂谷柑，
細緻的果肉中加入了含有柑橘精油的果皮，
不僅提升口感及香氣，更讓美味晉級了！

材料 ／

茂谷柑約7顆取果肉	600公克
茂谷柑約4顆取果皮	60公克
綠檸檬約2顆取果皮	5公克
綠檸檬約2顆取果汁	25公克
冰糖	400公克

𝕃inda's 極品果醬祕訣

1. **材料選擇：**這款果醬也可以選用其他品種的柑橘為材料，如美人柑、桶柑、海梨、椪柑等，但綠色的椪柑苦味較重，需儘量避免。

2. **處理果皮：**欲去除柑橘皮的苦味，需以蓋過柑橘皮水量的沸水煮兩次。第一次煮沸後立刻濾掉水分重新裝水，第二次煮沸後轉小火再煮10分鐘即關火，浸泡15分鐘後再濾掉水分。

作法 /

01 綠檸檬洗淨，以刮皮器刮下檸檬皮絲；再將檸檬對切榨汁取25公克。

02 在茂谷柑頂部以水果刀劃出十字刀痕後剝皮，柑橘皮需保留。

03 將果肉掰成一瓣瓣並去橘絡、中間纖維、籽，再將果肉切成小塊。

04 將檸檬皮浸泡在熱水中3分鐘，共需換水3次，瀝乾後切碎。

05 用水煮法去除柑橘皮的苦味。

06 用冷開水洗淨柑橘皮後瀝乾切碎。

07 將柑橘果肉、檸檬汁與冰糖放在玻璃盆內拌勻，用保鮮膜封好。

08 放進冰箱10～12小時，約3～4小時需取出來攪拌一次。

09　自冰箱取出,倒入銅鍋內以中小火熬煮;煮沸後將澀汁撈除。

10　沸騰後續煮10分鐘,接著將橘子果肉撈起。

11　煮到果醬濃縮至僅剩2/3時,加入柑橘皮及果肉並攪拌均勻。

12　再煮到果醬濃縮至僅剩1/2時,加入檸檬皮再煮3分鐘即關火。

13　將果醬裝進瓶內,蓋上瓶蓋後趁熱倒扣。

14　倒扣30分鐘後洗淨瓶身,置於室溫3～7天再放進冰箱中冷藏。

Recipe 4

如紫水晶般的光澤，比釀酒更鮮醇的美味

紫葡萄果醬

粒粒飽滿多汁的紫黑色果實，
散發出如紅酒般的醉人香氣。
趁鮮熬煮成果醬後，
總是令人無法停手地一口接一口。

材料

巨峰葡萄約3大串取果實……600公克

綠檸檬約2顆取果汁……………28公克

冰糖………………………………300公克

冷開水…………………………100毫升

🐱inda's 極品果醬祕訣

1. **材料選擇**：製作紫葡萄果醬時，建議選用巨峰葡萄，不僅能吃得到果肉，而且香氣十足。挑選時需注意以下五個要點：果實大、果皮黑、觸感硬、味道鮮、入口甜。

2. **滋味加分訣竅**：將葡萄皮與籽放進鍋裡一起熬煮，不僅能保留營養，也能讓紫葡萄果醬的顏色與味道更鮮明，擁有紫色色澤。

作法

01　將綠檸檬洗淨、對切後榨汁，取28公克。

02　將葡萄的蒂頭與果實交接處剪開，洗淨瀝乾。

03　將葡萄放入沸水中汆燙10秒鐘即撈起。

04　放涼後將皮剝除；葡萄皮需保留。

05　對半切開取出葡萄籽；葡萄籽需保留。

06　將葡萄皮、籽、冷開水與冰糖倒入銅鍋內拌勻，以中小火加熱並攪拌。

07　加熱至冰糖完全融化，撈出葡萄皮與籽並壓出汁液。

08　將葡萄果肉與檸檬汁加入銅鍋中一起熬煮，並將澀汁撈除。

09　持續攪拌直到103度時轉為小火，待葡萄化開後即關火。

10　將果醬裝進瓶內，蓋上瓶蓋後趁熱倒扣。

11　倒扣30分鐘後洗淨瓶身，置於室溫3～7天再放進冰箱中冷藏。

特選日本品種，打造金澄如蜜的秋日美味

甜柿果醬

在盛產的季節，水果舖子裡一片又一片的橘黃色，
令人忍不住想買回家趁鮮享用。
但貪心的我總是買太多，該怎麼辦呢？
那就做成果醬吧！

材料

甜柿約3顆取果肉⋯⋯⋯⋯⋯⋯600公克

金桔約5顆取果汁⋯⋯⋯⋯⋯⋯ 25公克

冰糖⋯⋯⋯⋯⋯⋯⋯⋯⋯⋯⋯330公克

🐱inda's 極品果醬祕訣

1. **材料選擇**：柿子分有澀柿與甜柿，甜柿是從日本引進台灣栽種的品種，在果樹上成熟時即自然脫澀，較適合用來熬煮果醬。

2. **滋味加分訣竅**：這款果醬特別將甜柿處理成兩種形狀，一則因為甜柿果肉較硬，若全部以小丁狀來熬果醬相當費時，但仍保留1/3則可保留果醬做成後的口感。

作法

01　將金桔洗淨、對切後榨汁，取25公克。

02　將甜柿洗淨、去皮去籽後切丁，分成400公克、200公克兩堆。

03　將400公克甜柿用食物調理機打成果泥。

04　將200公克甜柿切成0.5公分正方的小丁。

05　將甜柿丁、金桔汁與冰糖倒入銅鍋內拌勻，以中小火加熱並攪拌。

06　煮沸後將澀汁撈除。

07　續煮3分鐘後，倒入甜柿果泥。

08　持續攪拌及撈除澀汁，直到鍋中的果醬變濃稠後即關火。

09　將果醬裝進瓶內，蓋上瓶蓋後趁熱倒扣。

10　倒扣30分鐘後洗淨瓶身，置於室溫3～7天再放進冰箱中冷藏。

Recipe 6

鑲滿紫紅色寶石，Q軟彈牙的酸甜滋味

加州李果醬

吸飽陽光、色澤紅豔的加州李，
是專屬炎夏的美妙滋味。
取冰糖浸漬，平衡了酸、引出了香，
悉心熬煮，就是Q軟誘人的美味果醬了。

材料

加州李約5顆取果肉 ············· 600公克

綠檸檬約1顆取果汁 ············· 15公克

冰糖 ······························· 400公克

inda's 極品果醬祕訣

材料選擇：在選購李子時，常常會看到表面有一層白白的粉，這些天然果粉只會出現在新鮮李子的表皮，可藉此判斷水果的新鮮度；再者，若果實豐滿且表皮富光澤，果肉稍軟卻帶有彈性，那就是酸甜味恰好的上品了。而若要做成果醬，選擇黃色果肉的李子，口感更為Q軟彈牙。

酸酸甜甜！

作法

01　將綠檸檬洗淨、對切後榨汁，取15公克。

02　將加州李洗淨、對切後取出果核，切成1公分正方的丁狀。

03　將加州李丁、檸檬汁與冰糖放在玻璃盆內拌勻，用保鮮膜封好。

04　放進冰箱10〜12小時，約3〜4小時需取出來攪拌一次。

05　自冰箱取出，倒入銅鍋內以中小火加熱並不時攪拌。

06　煮沸後將澀汁撈除。

07　持續攪拌直到103度時轉為小火。

08　繼續熬煮直到果醬變濃稠且呈紫紅色。

09　將果醬裝進瓶內，蓋上瓶蓋後趁熱倒扣。

10　倒扣30分鐘後洗淨瓶身，置於室溫3〜7天再放進冰箱中冷藏。

Recipe 7

封存大自然的果香，把幾分清甜完美收藏

水蜜桃果醬

最愛拉拉山水蜜桃的水嫩多汁，
嬌滴滴的、白嫩嫩的當季吃還不滿足，
就是貪心的想把這股自然的香甜味經過慢火細煮，
加點酸、加點鹽，交織出絕美的果香後再封存品嚐。

材料 ╱

檸檬汁	40公克
拉拉山水蜜桃	600公克
冰糖	280公克
鹽	1小撮

⚬inda's 極品果醬祕訣

1. **材料的選擇**：位於中高海拔的拉拉山，冷涼的氣候最適合嬌滴滴的水蜜桃的生長，好山好水的讓每一顆水蜜桃都清甜且飽滿多汁。

2. **滋味加分**：加點鹽更可以嚐出水蜜桃的自然清甜感，讓口中的甜味更有層次喔。

作法 /

01　將綠檸檬洗淨後、由中間橫向對切成半，榨取檸檬汁，備用。

02　先煮一鍋熱水；同時準備一大碗冰塊水備用。

03　找到水蜜桃的尖端，沿著成長線用刀輕輕劃出長長的十字刀痕。

04　先將水蜜桃放入熱水中放置25秒左右，再放到冰塊水中浸泡冷卻。

05　取出冰鎮後的水蜜桃之後，再延著十字刀痕將水蜜桃的皮撥下來。

06　將去皮後的水蜜桃切小薄片，備用。

07　將水蜜桃片、檸檬汁與冰糖放在玻璃盆內混合拌勻後，並用保鮮膜封好。

08　放進冰箱10～12小時以上；其間約3～4小時之時需取出攪拌一次，再放回冰箱中。

09　自冰箱取出後,直接放入銅鍋中以中小火加熱並不時攪拌。

10　煮沸後,鍋中會產生浮物與泡沫(澀汁),請將其撈除。

11　持續加熱攪拌直到果醬濃縮至僅剩1/2,再加入1小撮鹽,並持續攪拌至鹽均
　　勻溶於果醬中再關火。

　　*此時的果醬已非常濃稠常會有噴濺的情況,請小心攪拌。

12　將果醬裝至消毒後的瓶內,蓋上瓶蓋後趁熱倒扣。

13　倒扣靜置30分鐘後,把果醬瓶洗乾淨,置於室溫3～7天再放進冷藏中保存。

Part 3

雙果果醬

用兩種水果，交融雙重鮮美！

1＋1真的大於2？果醬同好一定會舉手說：「Yes！」
當兩種以上的水果完美結合，就能迸發出令人驚喜且華麗的味覺層
次。如果怕出現「太驚奇」的味道，我的祕訣是：把等比例水果打
成果汁喝，喜歡的再以少量糖漬煮成果醬，一次次調整就能找到心
中的黃金比例！

Recipe 8
引入柚皮香氣，創造微苦回甘的成熟美感

紅蘋果葡萄柚果醬

第一次煮好蘋果葡萄柚口味的果醬時，
望著透出橘紅色光澤的果醬，溢出清新的柚香，
偷嚐一口，一股甜中帶酸的滋味從舌尖蔓延開來，
入喉則是一絲稍縱即逝的微苦，轉而回甘，
這重重疊疊的層次，十分耐人尋味。

材料 ／

紅肉葡萄柚約3顆取果肉……600公克
紅肉葡萄柚約3顆取果皮……100公克
富士紅蘋果約3顆取果肉……200公克
綠檸檬約2顆取果汁……………25公克
冰糖…………………………450公克

🐱inda's 極品果醬祕訣

滋味加分訣竅：由於葡萄柚果皮的滋味
略帶苦澀，搭配甜度較高的富士紅蘋
果，便能中和它的苦味，也讓這款果醬
更富層次。若想讓柚皮的味道再清淡一
點，也可以搭配蜂蜜、茶或酒類，依據
各人口味酌量摻入即可。

01 將綠檸檬洗淨、對切後榨汁，取25公克。

02 將葡萄柚洗淨，晾乾或擦乾表皮水分。

03 切去頭、尾，沿著果肉外圍削下果皮；果皮需保留。

04 片出果肉，需避開果肉之間的薄膜。

05 果肉完全取出後，捏擠薄膜將果汁全擠出來。

06 煮一鍋水，將葡萄柚果皮放入，煮沸後轉小火再煮15分鐘即關火，以冷開水
　　洗淨瀝乾。

07 片除果皮內側的半透明白膜，保留果皮外部。

08 將果皮一半切成細條、一半切成碎末。

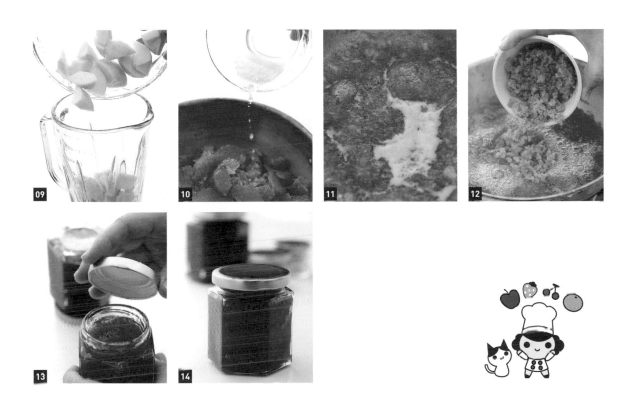

09 將蘋果洗淨、去皮去核後，用食物調理機打成果泥。

10 蘋果、葡萄柚果肉、檸檬汁及冰糖倒入銅鍋內，以中小火熬煮。

11 煮沸後將澀汁撈除。

12 將葡萄柚果皮加入銅鍋中，持續熬煮直到果醬變濃稠。

13 將果醬裝進瓶內，蓋上瓶蓋後趁熱倒扣。

14 倒扣30分鐘後洗淨瓶身，置於室溫3～7天再放進冰箱中冷藏。

Recipe 9

四種酸甘甜，堆疊出層次豐富的橙果風味

金棗柳橙果醬

充分融入多種柑橘類水果的Marmalade，
將果香與酸甜度調整得恰到好處，
呈色更勝午後溫暖的陽光，
耀眼的金黃色澤引人目眩神迷。

材料 ／

柳橙約8顆取果肉⋯⋯⋯⋯⋯⋯350公克

柳橙約7顆取果皮⋯⋯⋯⋯⋯ 20公克

金棗去籽取⋯⋯⋯⋯⋯⋯⋯⋯300公克

金桔約7顆取果汁⋯⋯⋯⋯⋯⋯ 35公克

綠檸檬約2顆取果汁⋯⋯⋯⋯⋯ 20公克

冰糖⋯⋯⋯⋯⋯⋯⋯⋯⋯⋯⋯370公克

Linda's 極品果醬祕訣

1. **材料選擇**：美味的柳橙特色在於皮薄
   汁多，選購時可先觀察果皮是否具有
   光澤、顏色是否均勻，並用手托托
   看，若頗為沉重則水分充足，最適合
   用來做成果醬。

2. **處理果皮**：金棗皮略帶苦澀，先用沸
   水煮過可以去除苦味，如此便能連皮
   一同熬成果醬。

作法

01　將綠檸檬洗淨、對切後榨汁，取20公克。

02　將金桔洗淨、對切後榨汁，取35公克。

03　將柳橙洗淨，以刮皮器刮下柳橙皮絲，再去皮並片出果肉。

04　將金棗洗淨瀝乾後，放入沸水中汆燙5分鐘即撈起。

05　金棗放涼後先對半縱切，去籽後再縱切成1/6的長條狀。

06　將柳橙果肉、果皮、金棗、金桔汁、檸檬汁與冰糖放在玻璃盆內拌勻，用保鮮膜封好。

07　放進冰箱10～12小時，約3～4小時需取出來攪拌一次。

08　自冰箱取出，倒入銅鍋內以中小火加熱並不時攪拌。

09　煮沸後將澀汁撈除。

10　持續攪拌及撈除澀汁，直到果醬溫度達103度即關火。

11　將果醬裝進瓶內，蓋上瓶蓋後趁熱倒扣。

12　倒扣30分鐘後洗淨瓶身，置於室溫3～7天再放進冰箱中冷藏。

皎潔的彎月梨片，香氣怡人口感爽脆

雪梨百香果果醬

百香果濃郁且多層次的香氣與酸味，
遇上了甜蜜爽脆的皎潔雪梨片，
這天，滿屋子的果香味，
充盈著晨光乍現時，被心愛貓咪喚醒的幸福感受。

材料 /

中型水梨約4顆取果肉⋯⋯⋯⋯600公克

百香果約8顆取果粒果汁⋯⋯100公克

冰糖⋯⋯⋯⋯⋯⋯⋯⋯⋯⋯⋯300公克

冷開水⋯⋯⋯⋯⋯⋯⋯⋯⋯⋯220毫升

作法 /

01　將百香果洗淨對切，取出果粒與果汁。

02　雪梨洗淨去皮、對切去核，切成彎月型薄片。

03　將雪梨、百香果50公克、冷開水與冰糖放在玻璃盆內拌勻，用保鮮膜封好。

04　放進冰箱10～12小時，約3～4小時需取出來攪拌一次。

05　自冰箱取出，倒入銅鍋內以中小火加熱並不時攪拌。

06　煮沸後將澀汁撈除。

07　續煮至果醬濃縮到僅剩1/2時，加入百香果20公克。

08　繼續熬煮直到雪梨片呈半透明，再倒入百香果30公克。

09　煮沸後續煮6分鐘，將澀汁撈除後關火，並將果醬裝進瓶內。

10　蓋上瓶蓋後趁熱倒扣30分鐘。

11　洗淨瓶身，置於室溫3～7天再放進冰箱冷藏。

Recipe 11
雙料甜味加檸檬，國民水果的完美混搭
芭蕉鳳梨果醬

邊聽著Coldplay的《Yellow》，邊切著鳳梨丁，
想著待會要切片的芭蕉，
是否也會帶著繁星點點般的芭蕉籽？
期待這次的混搭，將散發出迷人耀眼的金黃色。

材料 /

金鑽鳳梨約1顆取果肉·········500公克
芭蕉約5根取果肉··············300公克
綠檸檬約1顆取果皮···········1/2茶匙
綠檸檬約2顆取果汁············25公克
冰糖·······························350公克

Linda's 極品果醬祕訣

1. **滋味加分訣竅**：如欲使用香蕉取代芭蕉，因為甜味比芭蕉更強烈，建議檸檬汁再多加3～5公克，滋味更佳。
2. **熬煮技巧**：由於芭蕉的水分較少，製作果醬時一定要細心攪拌，才能避免芭蕉黏在鍋底而燒焦。此外，也由於果醬較濃稠，在熬煮時很容易噴濺出來，務必要小心。

作法

01　將綠檸檬洗淨，取一顆檸檬以刮皮器刮下檸檬皮，取1/2茶匙切碎。

02　將綠檸檬對切後榨汁，取25公克。

03　將鳳梨去皮去心，切成1公分正方的小丁。

04　將鳳梨、檸檬汁與冰糖放在玻璃盆內拌勻，用保鮮膜封好。

05　放進冰箱10～12小時，約3～4小時需取出來攪拌一次。

06　自冰箱取出，倒入銅鍋內以中小火加熱並不時攪拌。

07　芭蕉去皮，切成0.7公分厚的圓片狀。

08　將銅鍋加熱至冰糖完全融化、鳳梨丁呈半透明時，加入芭蕉片。

09　煮沸後將澀汁撈除。

10　加入檸檬皮繼續熬煮，直到鳳梨丁變透明且芭蕉呈果泥狀。

11　續煮至果醬變濃稠即關火。將果醬裝進瓶內，蓋上瓶蓋後趁熱倒扣。

12　倒扣30分鐘後洗淨瓶身，置於室溫3～7天再放進冰箱中冷藏。

Recipe 12

緋紅的花朵，演繹出清新解渴的酸甘滋味

檸檬洛神花果醬

第一次製作的檸檬洛神花果醬，

使用的是爸媽特別從鄉間摘採來的野生洛神。

細心地把清香的檸檬與緋紅的洛神花揪出最好的味兒，

堆疊出令人無法抗拒的酸甘甜！

材料 /

洛神花萼去籽取	500公克
綠檸檬約3顆取果肉	100公克
綠檸檬約7顆取果皮	100公克
天然海鹽	1公克
冰糖	470公克

Linda's 極品果醬祕訣

處理果皮：如欲加入柑橘類水果的果皮製作果醬時，可以用水煮法去除果皮的苦味。其方法為：將果皮放入鍋中，以可蓋過果皮的水量煮沸兩次；第一次水沸騰後先濾掉水分，並以等量的水再煮一次果皮，直到果皮白膜的部分變透明為止，即可撈起瀝乾備用。

作法 /

01 綠檸檬洗淨去皮（檸檬皮需保留），再用水果刀片出果肉。

02 用沸水煮檸檬皮兩次，第二次要煮到內層的白膜變透明為止。

03 用冷開水洗淨瀝乾，切成長2公分、寬0.3公分的細條。

04 將洛神花萼洗淨瀝乾，除去花萼內的籽。

05 將檸檬果肉、果皮、洛神與冰糖放在玻璃盆內拌勻，用保鮮膜封好。

06 放進冰箱10～12小時，約3～4小時需取出來攪拌一次。

07 自冰箱取出，倒入銅鍋內以中小火加熱並不時攪拌。

08 煮沸後將澀汁撈除。

09 加入天然海鹽，續煮至果醬變濃稠後即關火。

10 將果醬裝進瓶內，蓋上瓶蓋後趁熱倒扣。

11 倒扣30分鐘後洗淨瓶身，置於室溫3～7天再放進冰箱中冷藏。

Recipe 13
高顏值的粉紅少女香，就是想一親芳澤
紅心芭樂檸檬果醬

在炎熱夏季這是我的最愛，紅芭樂的香甜混合了檸檬的酸勁，
清新的口感，逼人的唇頰留香、雙眼眯眯的微微酸，
一瓶氣泡水，幾匙滿溢的芭樂檸檬香，完美！

材料／

檸檬皮	30公克
檸檬果肉	130公克
紅心芭樂	500公克
冰糖	260公克
冷開水	100毫升

🐱inda;s 極品果醬祕訣

1. **熬煮技巧**：紅心芭樂芯有籽的部分充滿了果膠質而且特別香甜，一定要把它留下來一起熬煮，不然可會少了好幾分香氣呢！

2. **滋味加分**：檸檬皮是讓檸檬味更有層次不可少的，因為檸檬精油都在果皮裡頭。但是我們只想要香氣可不想要苦味，所以記得用刨刀刨下檸檬皮時可別刨太厚，因為刨下檸檬皮白白的部分，若加入一起煮可是會苦苦的。

作法 /

01　將檸檬洗淨、擦乾水分。

02　以刨刀刨下果皮，0.1公分的細條狀備用。

03　檸檬去皮及白膜之後片下檸檬果肉。

04　將紅心芭樂洗淨之後對切成四等份，把籽的部分先挖出備用。

05　取出紅心芭樂的籽加100公克開水，打成泥，並過濾出硬籽。

06　紅心芭樂的果肉切成大塊之後與果泥及檸檬汁與冰糖拌均，用保鮮膜封好。

07　放至冰箱中冰鎮約10～16小時；約過6小時需取出攪拌，再放回冰箱中。

08　自冰箱中取出倒入銅鍋內以中小火加入並不時攪拌。

09　煮沸後將澀汁撈除。

10　接著，把果肉撈起放入果汁機打成果泥狀。

11　再放至銅鍋中以中火加熱並不時攪拌。

12　澀汁撈盡後，試一下味道，看看是否需要調整酸、甜度，然後續攪拌直至鍋中的果醬濃縮成1/2且溫度達果醬終點溫度103度，即關火。

13　關火後把煮好的果醬裝至消毒後的果醬瓶中，蓋上瓶蓋後趁熱倒扣。

14　靜置30分鐘以上，把果醬瓶洗乾淨，置於室溫3~7天後再放直冷藏中保存。

Part 4

香料果醬

加天然調味料，創造新口感！

「風味獨特的香料能讓美食錦上添花，但香料也可以用來煮果醬嗎？」當然沒問題呀！只要注意比例，不要加太多香料而嗆人、搶了水果香，或加太少讓味道變得尷尬。就按照本單元建議的材料比例試試看，之後再增減成自己喜歡的比例，就能感受到香料果醬的創新口感！

帶有原木馨香的古老香料，創造經典風味

肉桂蘋果果醬

香甜蘋果搭配最古老的香料——肉桂，
暖烘烘的芳馥氣息饒富韻味，
形成最經典的絕配滋味！

材料 ╱

富士紅蘋果約4顆取果肉……600公克

肉桂粉……………………………2公克

綠檸檬約2顆取果汁……………20公克

冰糖………………………………400公克

inda's 極品果醬祕訣

1. **材料選擇**：製作這款果醬時，可以選用果香濃郁的智利加拉蘋果，或是清甜多汁的富士蘋果，亦或者各取一半來熬煮，如此一來便能兼取兩者優點，讓果醬更好吃。

2. **處理果皮**：若想連同果皮一起熬煮果醬以增加口感，但又擔心果蠟或農藥殘留時，可以用雙手可接受的溫熱水來清洗果皮便能洗淨。

作法 ╱

01 將綠檸檬洗淨、對切後榨汁，取20公克。

02 將蘋果洗淨去皮、對切去核，切大塊均分成兩等分。

03 一半蘋果用食物調理機打成果泥，另一半則切成0.5公分正方的小丁。

04 將蘋果、檸檬汁與冰糖放在玻璃盆內拌勻，用保鮮膜封好。

05 放進冰箱10～12小時，約3～4小時需取出來攪拌一次。

06 自冰箱取出，倒入銅鍋內以中小火加熱並不時攪拌。

07 煮沸後將澀汁撈除。

08 取肉桂粉秤重2公克。

09 持續攪拌直到果醬呈濃稠狀時，加入肉桂粉並拌勻。

10 續煮3分鐘即關火。將果醬裝進瓶內，蓋上瓶蓋後趁熱倒扣。

11 倒扣30分鐘後洗淨瓶身，置於室溫3～7天再放進冰箱中冷藏。

點點香草，融合出甜蜜微酸的優雅口感

香草青蘋甜瓜果醬

每次用到香草籽來熬煮果醬，
就會聯想到《神隱少女》中的鍋爐爺爺與煤炭球，
喚醒了千尋對生命的勇氣。
就好像天然香草籽一直都是各式甜點的配角，
卻也是喚出氣味層次的靈魂香料。

材料

甜瓜約4顆取果肉	600公克
青蜜蘋果約4顆取果肉	250公克
香草豆莢	1/2條
綠檸檬約2顆取果汁	35公克
冰糖	450公克

Linda's 極品果醬祕訣

材料選擇：選購甜瓜時，可以先看果柄的色澤是否帶綠色且含水分，瓜皮是否具有光澤且白綠中帶點米黃色；聞看看是否有濃郁的果香氣味；再用手輕壓甜瓜的底部，看寬平的果臍是否有稍微軟了一點的感覺。掌握這幾個原則，就不會買到不甜又無味的甜瓜了。

作法

01 將綠檸檬洗淨、對切後榨汁，取35公克。

02 將甜瓜去皮、對切後去籽，切成1.5公分正方的小丁。

03 將蘋果洗淨去皮、對切去核，切大塊用食物調理機打成果泥。

04 將甜瓜、蘋果、檸檬汁與冰糖放在玻璃盆內拌勻，用保鮮膜封好。

05 放進冰箱10～12小時，約3～4小時需取出來攪拌一次。

06 自冰箱取出，倒入銅鍋內以中小火加熱並不時攪拌。

07 煮沸後將澀汁撈除。

08 將香草豆莢縱切剖半，從中片開並以刀尖取出香草籽。

09 將香草籽加入銅鍋中一起熬煮。

10 續煮至果醬變濃稠，且溫度達103度即關火。

11 將果醬裝進瓶內，蓋上瓶蓋後趁熱倒扣。

12 倒扣30分鐘後洗淨瓶身，置於室溫3～7天再放進冰箱中冷藏。

Recipe 16

清爽香氣，伴隨橙香十足的酸甜美味

丁香柳橙果醬

餘韻宛如香草般的丁香，摻入了黃澄澄的柳橙之中，
彷彿在炙熱的豔陽下，品嚐一球透心涼的香草冰淇淋，
也像夏日午後，聽著小野麗沙的《Samba De Verao》，
純真而美好。

材料 ／

柳橙約13顆取果肉	600公克
柳橙約5顆取果皮	150公克
綠檸檬約4顆取果皮	10公克
綠檸檬約3顆取果汁	45公克
丁香	2公克
冰糖	400公克

Linda's 極品果醬祕訣

材料選擇：選購柳橙時，可從外觀及重量兩項要點來判斷。外觀上，果皮顏色應鮮豔且均一，表皮油脂豐富有光澤；蒂頭呈青綠色者較為新鮮，若已變黑則表示放得較久。此外，同樣大小的柳橙，果肉越沉、果汁越多，直接品嚐或做成果醬都比較好吃。

作法

01 將綠檸檬洗淨，以刮皮器刮下檸檬皮，用熱水泡10分鐘後瀝乾切碎。

02 將綠檸檬對切後榨汁，取45公克。

03 將柳橙洗淨去皮（柳橙皮需保留），再片出所用果肉。

04 用沸水煮柳橙皮兩次，第二次要煮到內層的白膜變透明為止。

05 將橙柳皮一半用食物調理機打成泥，另一半切成寬0.3公分的細條。

06 將柳橙果肉、果皮、檸檬皮、檸檬汁、丁香與冰糖放在玻璃盆內拌勻，用保鮮膜封好。

07 放進冰箱10～12小時，約3～4小時需取出來攪拌一次。

08 自冰箱取出，倒入銅鍋內以中小火加熱並不時攪拌。

09 煮沸後將澀汁撈除。

10 續煮至果醬濃縮至僅剩1/2，且溫度達103度即關火。

11 將果醬裝進瓶內，蓋上瓶蓋後趁熱倒扣。

12 倒扣30分鐘後洗淨瓶身，置於室溫3～7天再放進冰箱中冷藏。

Q彈滑潤的質地，迸出三層甜味的驚喜

八角黑糖香蕉果醬

靈感來自幼時吃到香蕉乾時的驚奇感受，
單純的食材，簡單的作法，濃郁的香氣，
十分耐人尋味。

材料

香蕉約9根取果肉··················600公克

八角·····························10公克

黑糖粉···························100公克

綠檸檬約2顆取果汁···············20公克

冰糖·····························200公克

熬煮技巧：這款果醬由於香蕉的含水量較少，其他搭配材料也多不含水分，在熬煮果醬時會非常濃稠，要特別注意攪拌的動作，以免材料很快地黏在鍋底燒焦。而在倒入黑糖粉後，因為濃稠度更高，需要電動攪拌器協助以便拌勻，此時果醬容易有噴濺的情況，須小心以免燙傷。

作法

01　將綠檸檬洗淨、對切後榨汁，取20公克。

02　香蕉剝皮，斜切成0.5公分厚的橢圓片。

03　取八角秤重10公克。

04　將香蕉、八角、檸檬汁與冰糖放在玻璃盆內拌勻，用保鮮膜封好。

05　放進冰箱10～12小時，約3～4小時需取出來攪拌一次。

06　自冰箱取出，倒入銅鍋內以中小火加熱並不時攪拌。

07　煮沸後將澀汁撈除。

08　續煮至果醬濃縮至僅剩2/3，且香蕉果肉化掉為止。

09　用筷子挾取出八角後，將黑糖粉加入銅鍋中。

10　用電動攪拌器以慢速攪拌到果醬呈泥狀，再加熱3～6分鐘即關火。

11　將果醬裝進瓶內，蓋上瓶蓋後趁熱倒扣。

12　倒扣30分鐘後洗淨瓶身，置於室溫3～7天再放進冰箱中冷藏。

Recipe 18
不可思議的夢幻香料，色彩繽紛的新奇饗宴

粉紅胡椒蜜柚果醬

第一次認識粉紅胡椒，
是品嚐了朋友自日本帶回來的手工果醬，
鮮豔又瑰麗的紅，是令人深深上癮的色澤，
襯在澄黃色的柚子中，煞是好看。

材料／

白柚約2顆取果肉	600公克
白柚約1/4顆取果皮	50公克
粉紅胡椒	3公克
蜂蜜	25公克
綠檸檬約4顆取果汁	60公克
冰糖	575公克

🐱inda's 極品果醬祕訣

材料選擇：白柚的個頭不大，其形狀很像大號的梨子，選購時可先觀察其外型，原則上果形越正越佳，自頭尾的蒂頭與果臍連線，轉一圈看其所有角度是否皆左右對稱，越圓潤越好；其次可用手托托看是否夠重，以判定含水量高不高；最後，果皮摸起來越細緻者，則熟成度更好，滋味也更佳。

作法 /

01 　將綠檸檬洗淨、對切後榨汁，取60公克。

02 　用食鹽搓洗柚子皮後，以清水沖淨並去皮；柚子皮需保留。

03 　片除柚子皮內層的白囊，取外皮50公克。

04 　將柚子皮放入鍋中，以可蓋過柚子皮的水量煮沸三次。

05 　第三次煮柚子皮時，需將內層殘留的白囊煮到變透明為止。

06 　柚子皮瀝乾放涼後，切成長3公分、寬0.5公分的細條段。

07 　將柚子果肉的外膜剝除並去籽，掰成小塊狀。

08 　將柚子果肉、皮、檸檬汁與冰糖放在玻璃盆內拌勻，用保鮮膜封好。

柚子香香！

09　放進冰箱10～12小時，約3～4小時需取出來攪拌一次。

10　自冰箱取出，倒入銅鍋內以中小火熬煮，煮沸後將澀汁撈除。

11　續煮至果醬濃縮至僅剩1/2時，加入粉紅胡椒一起熬煮。

12　待果醬變濃稠，於關火前再加入蜂蜜拌勻。

13　將果醬裝進瓶內，蓋上瓶蓋後趁熱倒扣。

14　倒扣30分鐘後洗淨瓶身，置於室溫3～7天再放進冰箱中冷藏。

Recipe 19

讓夏季限定黃色調水果，酸、甜、香完美的Mix在一起
薑黃鳳梨黃奇異果果醬

夏季的黃寶石鳳梨與防癌著稱的黃色奇異果交迸出一季夏日的熱情，
亮麗的黃色帶著可愛的黑籽籽，混拌入了有天然抗炎功效的薑黃，
讓味覺與口感都再加分，濃郁而不強烈，更溫潤怡人。

材料 ／

檸檬汁	35公克
鳳梨去皮取果肉	320公克
黃奇異果	280公克
冰糖	300公克
薑黃粉	1小匙(約5克)

🐱 inda's 極品果醬祕訣

1. 挑選技巧：鳳梨最好選熟度適中的，奇異果要選軟硬適中且要黃色的，才不會酸味太強烈，配色上也才會比較美麗。

2. 滋味加分：薑黃是讓香氣強烈的鳳梨與口味較突出的奇異果，可以使兩種果香完美融合並把香氣的層次帶出來的主角，如果不想加薑黃可以用等比例的紅茶碎來試試看。

作法 /

01　將綠檸檬洗淨、對切後榨汁，取35公克。

02　鳳梨洗淨去皮去心。

03　將果肉切成約1公分的小丁狀，備用。

04　黃奇異果去皮之後，放入大碗中用飯勺壓碎，可保留些微果肉，以增加果醬口感。

05　鳳梨小丁與黃奇異果果肉與冰糖、檸檬汁拌均，用保鮮膜封好。

06　放進冰箱8～12小時，其間約6小時後取出攪拌後再放至冰箱中。

07　自冰箱取出後，倒入銅鍋中加熱以中小火並不時攪拌。

08　煮沸後撈除澀汁。

09　加入薑黃粉，邊加熱邊撈除澀汁。

10　維持攪拌的動作直至鍋中的果醬變濃稠。

11　關火後把煮好的果醬裝至消毒後的果醬瓶中，蓋上瓶蓋後趁熱倒扣。

12　靜置30分鐘以上，把果醬瓶洗乾淨，置於室溫3~7天後再放直冷藏中保存。

Part 5

花草果醬

引自然植物，吸收原野香氣！

花草不僅香氣各異，某些還具有療效，加上溫和的特性，很適合加入果醬中增添馨香。考量花草茶渣是否會影響果醬口感來決定入醬的方式，直接將花草摻入果醬熬煮，或用濾茶袋，或浸泡出汁後再加入，都能讓你的自製果醬吸收綠野清香！

Recipe 20

裹入浪漫的傳說，品嚐初戀的美好

玫瑰蘋果果醬

女孩兒們如夢般的酸甜圓舞曲，
先用小火慢慢地留住蘋果天然原味的清香酸甜，
再拌入以浪漫為名的粉紅玫瑰花瓣，
熬成後，每一口都是洋溢著浪漫的緻密口感。

材料 ╱

蜜蘋果約7顆取果肉	600公克
乾燥玫瑰花	15公克
綠檸檬約3顆取果汁	35公克
冰糖	370公克
熱開水	150毫升

🐱inda's 極品果醬祕訣

滋味加分訣竅：這款果醬材料中的玫瑰花，選用的是市面上較易取得的乾燥玫瑰花，即一般用來泡花草茶的素材，這是因為市售的玫瑰花多為不可食用的玫瑰，倘若能取得可食用玫瑰花，則不妨加入新鮮的花瓣，會讓果醬的滋味更芬芳。由於玫瑰花瓣熬煮過久容易產生苦味，建議在關火前才加入鍋中以免走味。

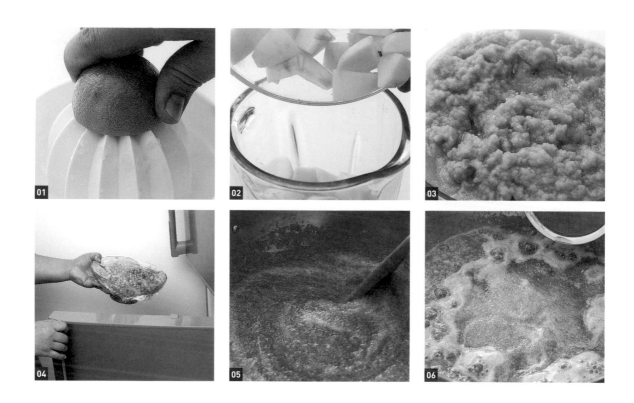

作法

01 將綠檸檬洗淨、對切後榨汁，取35公克。

02 將蘋果洗淨去皮、對切去核，切大塊用食物調理機打成果泥。

03 將蘋果、檸檬汁與冰糖放在玻璃盆內拌勻，用保鮮膜封好。

04 放進冰箱10～12小時，約3～4小時需取出來攪拌一次。

05 自冰箱取出，倒入銅鍋內以中小火加熱並不時攪拌。

06 煮沸後將澀汁撈除。

07　將乾燥玫瑰花分成兩等分，其中一半的玫瑰將花瓣剝下。

08　另一半以150毫升熱開水浸泡成玫瑰花水。

09　續煮至果醬濃縮至僅剩2/3時，加入玫瑰花水一起熬煮。

10　待果醬僅剩1/2時加入玫瑰花瓣並拌勻，再煮到達103度即關火。

11　將果醬裝進瓶內，蓋上瓶蓋後趁熱倒扣。

12　倒扣30分鐘後洗淨瓶身，置於室溫3～7天再放進冰箱中冷藏。

Recipe 21

挹取一把秋日幽香，成就清新淡雅的糖煮梨

桂花水梨果醬

一朵香花落在手掌心，
因為不忍這股幽香隨著時間的消逝而散去，
升起爐火開始熬煮著糖與梨，再引花入味，
期望深藏這股令人眷戀的悠然香氣。

材料

中型水梨約4顆取果肉	600公克
桂花	1公克
綠檸檬約1顆取果汁	10公克
冰糖	300公克
冷開水	100毫升

inda's 極品果醬祕訣

1. 熬煮技巧：水梨是很容易產生澀汁的水果，尤其加入桂花後，又會升起一股澀汁，要小心攪拌與撈除，以免影響果醬做成的味道。

2. 滋味加分訣竅：如果不喜歡桂花顆粒的口感，可以用濾茶袋將桂花裝起來，再放到銅鍋內熬煮，並在關火前撈起即可。

好香甜！

作法

01　將綠檸檬洗淨、對切後榨汁，取10公克。

02　將水梨洗淨去皮、對切去核，切大塊均分成兩等份。

03　一半的水梨用食物調理機打成果泥，另一半則切成碎末。

04　將水梨、檸檬汁與冰糖放在玻璃盆內拌勻，用保鮮膜封好。

05　放進冰箱10～12小時，約3～4小時需取出來攪拌一次。

06　自冰箱取出，倒入銅鍋內以中小火加熱並不時攪拌。

07　煮沸後將澀汁撈除。

08　加入桂花，續煮至水梨變透明，且果醬變濃稠即關火。

09　將果醬裝進瓶內，蓋上瓶蓋後趁熱倒扣。

10　倒扣30分鐘後洗淨瓶身，置於室溫3～7天再放進冰箱中冷藏。

彷彿一碗檸檬冰，保留夏日的清新沁涼

薄荷青檸果醬

這個口味是依據妹妹的期望而創作出來的。
妹妹說：「我希望可以吃到的果醬是
『像在夏日的午後吃一碗檸檬冰般的清爽心情與口感！』」
就這樣，薄荷青檸果醬誕生了！

材料

青蘋果約5顆取果肉	600公克
綠檸檬約5顆取果肉	150公克
綠檸檬約2顆取果皮	1茶匙
乾燥薄荷葉	3公克
冰糖	370公克

inda's 極品果醬祕訣

滋味加分訣竅：若家中栽有新鮮的薄荷，也可以直接拿來熬煮果醬，其用量約為10公克（由於新鮮的薄荷葉含有水分，因此用量會比這款果醬材料中使用的乾燥薄荷葉多一些）。採下後先將整株薄荷枝葉用熱水泡一下，瀝乾後摘取葉子，再將葉子重疊並捲起來切成細絲，在作法8取代薄荷茶汁，加入果醬中一起熬煮即可。

作法

01 將蘋果洗淨去皮、對切去核，切大塊均分成兩等分。

02 一半蘋果用食物調理機打成果泥，另一半則切成0.5公分正方的小丁。

03 綠檸檬洗淨，先取兩顆以刮皮器刮絲，切成長2公分的小段，再片出所有檸檬果肉。

04 將蘋果、檸檬果肉與冰糖放在玻璃盆內拌勻，用保鮮膜封好。

05 放進冰箱10～12小時，約3～4小時需取出來攪拌一次。

06 自冰箱取出，倒入銅鍋內以中小火加熱並不時攪拌。

07 煮沸後將澀汁撈除。

08 將薄荷葉以150毫升熱開水浸泡後，濾出茶汁加入銅鍋中。

09 續煮至果醬變濃稠，加入檸檬皮稍微熬煮後即關火。

10 將果醬裝進瓶內，蓋上瓶蓋後趁熱倒扣。

11 倒扣30分鐘後洗淨瓶身，置於室溫3～7天再放進冰箱中冷藏。

海洋之露香氣，融入鮮桃的甜美口感之中

迷迭香甜桃果醬

宛如甜點的蜜桃果醬總令人忍不住一口接一口，
清甜之中帶有一抹濃郁的夢幻香氣，
淡雅的迷迭香則彷彿薄霧散去後的清新空氣，
讓人不自覺地瞇起眼睛微笑、嘴角也跟著上揚了！

材料

甜桃約5顆取果肉·····················600公克
迷迭香·····································2公克
綠檸檬約2顆取果汁················25公克
冰糖·······································300公克

處理果皮：如果不喜歡吃到甜桃皮的口感，也可以在熬煮果醬前事先去皮。一般的削皮刀固然可以削去甜桃皮，但也容易削掉過多的果肉，且凹陷處也不易處理。此時可以先將甜桃洗淨，在桃子尾端用水果刀劃出十字刻痕，放進沸水中燙一下，再撈出來放入冰水中降溫，即可輕鬆地將甜桃皮剝下。

作法

01　將綠檸檬洗淨、對切後榨汁，取25公克。

02　將甜桃洗淨、對切去核後，切成0.5公分正方的小丁。

03　將甜桃、檸檬汁與冰糖放在玻璃盆內拌勻，用保鮮膜封好。

04　放進冰箱10～12小時，約3～4小時需取出來攪拌一次。

05　自冰箱取出，倒入銅鍋內以中小火加熱並不時攪拌。

06　煮沸後將澀汁撈除。

07　取迷迭香秤重2公克，裝進濾茶袋中。

08　將裝有迷迭香的濾茶袋放入銅鍋內熬煮。

09　持續加熱及攪拌，直到果醬變濃稠。

10　撈起裝有迷迭香的濾茶袋，並將汁液徹底壓出即可關火。

11　將果醬裝進瓶內，蓋上瓶蓋後趁熱倒扣。

12　倒扣30分鐘後洗淨瓶身，置於室溫3～7天再放進冰箱中冷藏。

Recipe 24

汁多淡甜的蜜白果肉，包裹一分紫色浪漫

薰衣草火龍果果醬

自從院子裡的那一小片薰衣草，
經過夏日烈陽的荼毒而歸於塵土之後，
總會突然懷念起清晨微風中那股淡淡的薰衣草香。
今天，就用果醬把這道香氣保留起來吧！

材料 /

白肉火龍果約2顆取果肉	600公克
薰衣草	2公克
蜂蜜	10公克
綠檸檬約2顆取果汁	25公克
冰糖	350公克

inda;s 極品果醬祕訣

1. 熬煮技巧：火龍果是含水量很高的水果，熬煮果醬時會有怎麼煮都煮不濃稠的感覺，別心急，耐心地多攪拌幾下就好了！

2. 滋味加分訣竅：蜂蜜在攝氏60度以上的高溫，營養成分就會被破壞，最後再加入不僅能取其香氣，還可保留住營養。

作法 /

01　將綠檸檬洗淨、對切後榨汁，取25公克。

02　火龍果洗淨去皮，切成1公分正方的小丁。

03　將火龍果、檸檬汁與冰糖放在玻璃盆內拌勻，用保鮮膜封好。

04　放進冰箱10～12小時，約3～4小時需取出來攪拌一次。

05　自冰箱取出，倒入銅鍋內以中小火加熱並不時攪拌。

06　煮沸後將澀汁撈除。

07　取薰衣草秤重2公克，裝進濾茶袋中。

08　將裝有薰衣草的濾茶袋放入銅鍋內熬煮，直到果醬變濃稠。

09　撈起裝有薰衣草的濾茶袋，並將汁液壓出。

10　加入蜂蜜，將果醬與蜂蜜拌勻即關火。

11　將果醬裝進瓶內，蓋上瓶蓋後趁熱倒扣。

12　倒扣30分鐘後洗淨瓶身，置於室溫3～7天再放進冰箱中冷藏。

Recipe 25

宛如綠油油的大草原，飄散青草香氛

馬鞭草奇異果果醬

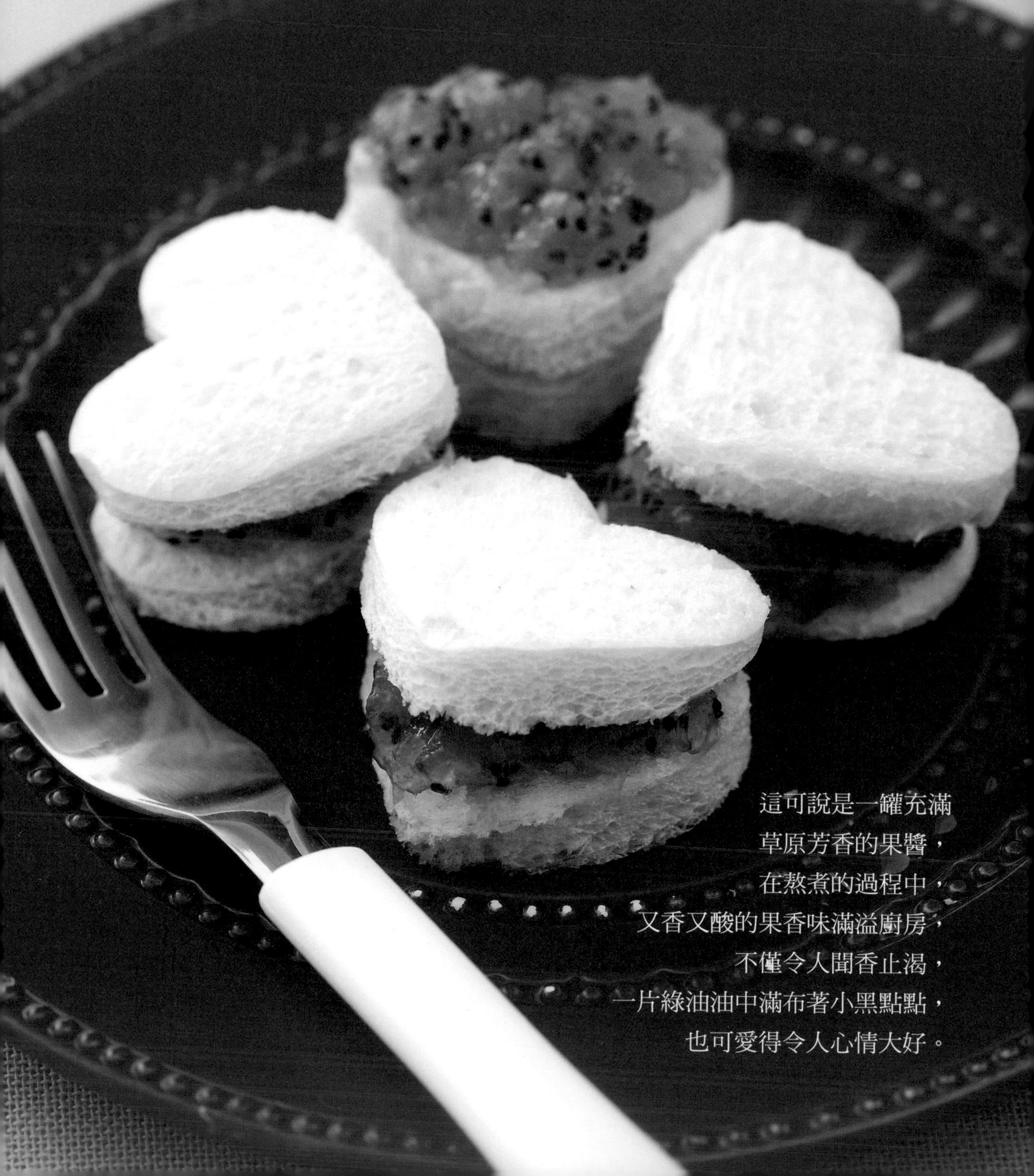

這可說是一罐充滿
草原芳香的果醬，
在熬煮的過程中，
又香又酸的果香味滿溢廚房，
不僅令人聞香止渴，
一片綠油油中滿布著小黑點點，
也可愛得令人心情大好。

材料

綠色奇異果約6顆取果肉	600公克
馬鞭草	2公克
綠檸檬約2顆取果汁	20公克
冰糖	350公克

linda's 極品果醬祕訣

滋味加分訣竅：用花草熬煮果醬時，有兩種讓香氣釋出的方法：一是先將花草用熱開水泡5～6分鐘，讓香味釋出於熱水中，將花草葉過濾掉後把茶汁倒入果醬中混合；另一種則是用濾茶袋把花草裝好，直接放進鍋中熬煮。我會視水果的水分多寡來決定，水分少的水果就用前者，水分多的則使用濾茶袋。

作法

01 將綠檸檬洗淨、對切後榨汁，取20公克。

02 奇異果去皮，一半切成1公分正方的小丁，另一半用手自然捏碎。

03 將奇異果、檸檬汁與冰糖放在玻璃盆內拌勻，用保鮮膜封好。

04 放進冰箱10～12小時，約3～4小時需取出來攪拌一次。

05 自冰箱取出，倒入銅鍋內以中小火加熱並不時攪拌。

06 煮沸後將澀汁撈除。

07 取馬鞭草秤重2公克，裝進濾茶袋中。

08 將裝有馬鞭草的濾茶袋放入銅鍋中熬煮，直到果醬變濃稠。

09 撈起裝有馬鞭草的濾茶袋，並將汁液壓出。

10 煮至果醬呈濃稠狀即關火。將果醬裝進瓶內，蓋上瓶蓋趁熱倒扣。

11 倒扣30分鐘後洗淨瓶身，置於室溫3～7天再放進冰箱中冷藏。

Recipe 26

清新的黃菊香，佐上蜂蜜與果香堆疊出流長韻味

黃菊蜂蜜蘋梨果醬

清甜的水梨加上溫和的蘋果香，
在初秋的午後細煮出濃淡適宜的果色，
和入清目潤眼的黃菊，再拌入幾瓢蜂蜜，
一鍋煮來芳香滿室。
沖上琥珀色的紅茶相佐，靜謐美好。

材料 /

檸檬汁	25公克
水梨果肉	300公克
蘋果果肉	300公克
冷開水	100公克
冰糖	250公克
曬乾黃菊花	3公克
蜂蜜	50公克

🐱inda's 極品果醬祕訣

1. 挑選技巧：東勢水梨真的是我最愛的首選，可以選中型大小的水梨，果皮薄呈透明的金黃色，果肉細緻又多汁，而且吃來清脆美味。

2. 滋味加分：黃菊花有疏散風熱的作用，而且清熱效果較強，香氣也較白菊花濃烈些，喜歡選用台東的在地黃菊，色澤、香氣都滿分。

作法

01　將綠檸檬洗淨、對切後榨汁，取25公克。

02　先將水梨洗淨去皮、去核，切成彎月形薄片。

03　將蘋果去皮、去核後，切大塊均分成兩等分。

04　一半切成碎末狀；另一半蘋果碎加開水以果汁機打成泥狀。

05　把切好的蘋果碎末與果泥與冰糖、檸檬汁拌均，用保鮮膜封好。

06　放進冰箱8～10小時，約3～4小時後取出攪拌後再放至冰箱中。

07 自冰箱取出直接放至銅鍋中以中小火加熱並不時攪拌。

08 煮沸後將澀汁撈除。

09 加入黃菊，邊加熱邊持續撈除澀汁，且維持攪拌至果醬濃稠。

10 當果醬濃縮僅剩1/2時，加入蜂蜜攪拌均勻。

11 拌勻後即可關火，後把煮好的果醬裝至消毒後的果醬瓶中，蓋上瓶蓋後趁熱倒扣。

12 靜置30分鐘以上，把果醬瓶洗乾淨，置於室溫3~7天後再放直冷藏中保存。

Part 6

綜合果醬

佐多元素材，豐富味覺層次！

手作果醬最有趣之處，莫過於「玩」食材這件事了！把各種想像的、可期待的潛力食材攪融，迸發出無限創意與美味，光是製作過程就讓人非常興奮！巧克力、茶酒、果乾、焦糖任你加，兼顧到營養、大小朋友喜愛、主題口感等渴望，今天要玩哪一味呢？

Recipe 27

富含維他命Ｃ，美麗滿分的鮮果營養

多Ｃ水果綠茶果醬

用老奶奶的祖傳祕方，
以新鮮水果為底慢火熬煮，再摻入迷人的綠茶多酚，
引出水果多層次的馥郁芳香與容易令人上癮的自然水果酸！
多C滋味猶如一場曼妙的酸甜華爾滋。

材料 ╱

鳳梨約1顆取果肉	300公克
蘋果約3顆取果肉	300公克
金桔約7顆去籽取	30公克
柳橙約3顆取果肉	100公克
柳橙約2顆取果皮	50公克
百香果約3顆取果粒果汁	50公克
綠檸檬約2顆取果皮	5公克
綠檸檬約2顆取果汁	25公克
綠茶包	3包
冰糖	500公克
熱開水	150毫升

🐱 Linda's 極品果醬祕訣

1. 材料選擇：選購百香果時，果皮呈紫紅色且光滑或稍微皺縮，香氣濃郁者滋味較佳；此外，重量較重則內含的果肉與果汁較豐富。

2. 滋味加分訣竅：金桔80%的維生素C都蘊藏在果皮中，因此我會直接把金桔切片放入果醬中，保留能讓人變美麗的維生素C。

作法

01　將綠檸檬洗淨，以刮皮器刮絲；再對切榨汁取25公克。

02　將鳳梨去皮去心，切成長2公分、寬0.7公分的長條。

03　將金桔洗淨，橫切成0.3公分的圓片並去籽。

04　柳橙洗淨、切去頭尾，沿果肉外圍削下果皮備用；再片出果肉。

05　用沸水煮柳橙皮兩次，第二次要煮到內層白膜變透明為止，接著取出瀝乾，切成碎末。

06　將蘋果洗淨去皮、對切去核，切成0.3公分厚的銀杏葉狀。

07　將鳳梨、金桔、柳橙、柳橙皮、蘋果、檸檬汁與冰糖放在玻璃盆內拌勻，用保鮮膜封好。

08　放進冰箱10～12小時，約3～4小時需取出來攪拌一次。

09 在熬煮果醬前，將百香果對切後取出果粒與果汁。

10 自冰箱取出，倒入銅鍋內以中小火熬煮，煮沸後將澀汁撈除。

11 將百香果果粒及果汁，與檸檬皮加入銅鍋中熬煮。

12 將綠茶包以150毫升熱開水燜泡3～4分鐘，將茶汁加入銅鍋中。

13 熬煮至鳳梨、蘋果變透明，且果醬變濃稠後即關火。

14 將果醬裝進瓶內，蓋上瓶蓋後趁熱倒扣。

15 倒扣30分鐘後洗淨瓶身，置於室溫3～7天再放進冰箱中冷藏。

奔放橙酒交織高雅伯爵，營造成熟香氣

柳橙紅茶酒香果醬

以柳橙為底，加入帶有淡淡佛手柑香氣的伯爵紅茶，
金黃色的果肉拌入高雅的琥珀茶色，
再摻入濃郁奔放的橙酒香，交織出芬芳醇柔的優雅風味，
成就一款高雅又富大人氣息的果醬！

材料

柳橙約13顆取果肉	600公克
柳橙約5顆取果皮	150公克
君度橙酒	20公克
伯爵紅茶茶包	5包
綠檸檬約2顆取果汁	30公克
冰糖	350公克
熱開水	200毫升

inda's 極品果醬祕訣

處理果皮：每次在熬煮柑橘類的果醬時，使用果皮都讓人極為頭疼，一來擔心煮出來的果醬會變苦澀，二來那柑橘皮實在是太難處理了！其實，怕苦澀的人可以先用食鹽搓洗柑橘皮，再用清水多煮幾次；在切果皮時，將有白膜的那一面朝上向著刀面，就能輕鬆地手刃柑橘皮囉！

作法

01　將綠檸檬洗淨、對切後榨汁，取30公克。

02　柳橙洗淨、切去頭尾，沿果肉外圍削下果皮備用；再片出果肉。

03　用沸水煮柳橙皮兩次，第二次要煮到內層白膜變透明為止。

04　取出瀝乾，一半切成碎末，另一半切成寬0.3公分的細條。

05　將柳橙、柳橙皮、檸檬汁與冰糖放在玻璃盆內拌勻，用保鮮膜封好。

06　放進冰箱10～12小時，約3～4小時需取出來攪拌一次。

07　自冰箱取出，倒入銅鍋內以中小火熬煮，煮沸後將澀汁撈除。

08　將伯爵紅茶茶包以200毫升熱開水燜泡3～5分鐘，濾出茶汁。

09　將茶汁加入銅鍋中，持續攪拌至果醬變濃稠即關火。

10　關火後，加入君度橙酒並拌勻。

11　將果醬裝進瓶內，蓋上瓶蓋後趁熱倒扣。

12　倒扣30分鐘後洗淨瓶身，置於室溫3～7天再放進冰箱中冷藏。

Recipe 29

微苦香醇的美味平衡，愛不釋口的濃郁甜香

香蕉蘭姆巧克力果醬

香濃巧克力與稠滑的香蕉在齒頰間蕩漾著，
恰到好處地點綴了微微的蘭姆酒香。
經典的食材組合，甜而不膩的多層次口感，
怎麼吃都是意猶未盡的濃郁香氣。

材料 ╱

香蕉約9根取果肉	600公克
72%苦甜巧克力磚	150公克
蘭姆酒	15公克
綠檸檬約2顆取果汁	30公克
冰糖	250公克

🐈inda's 極品果醬祕訣

1. 材料選擇：由於香蕉濃稠度高，醬汁收乾速度較快，容易使人誤以為果醬已經熬煮好。因此需要注意香蕉外緣是否已經呈半透明狀，以免果醬沒有煮到所需溫度，影響日後保存狀況。

2. 滋味加分訣竅：在選用巧克力磚時，我偏向選擇純度較高的可可粉，可以平衡香蕉與冰糖的甜膩，以濃度60%以上為佳。

作法

01 將綠檸檬洗淨、對切後榨汁，取30公克。

02 香蕉去皮，斜切成0.5公分厚的橢圓片。

03 將香蕉、檸檬汁與冰糖放在玻璃盆內拌勻，用保鮮膜封好。

04 放進冰箱10～12小時，約3～4小時需取出來攪拌一次。

05 自冰箱取出，倒入銅鍋內以中小火加熱並不時攪拌。

06 煮沸後將澀汁撈除。

07　熬煮至果醬濃縮至僅剩1/2，且香蕉化掉、不成形為止。

08　取72%苦甜巧克力磚秤重150公克後切碎。

09　將巧克力加入銅鍋中一起熬煮。

10　用電動攪拌器以慢速攪拌果醬到呈泥狀，再加熱3～6分鐘即關火，倒入蘭姆
　　酒拌勻。

11　將果醬裝進瓶內，蓋上瓶蓋後趁熱倒扣。

12　倒扣30分鐘後洗淨瓶身，置於室溫3～7天再放進冰箱中冷藏。

Recipe 30

金黃中點綴黑珍珠，化身孩子也愛的口味

木瓜香草葡萄乾果醬

總覺得木瓜有種我不愛的味道，所以很不喜歡單吃木瓜，

但是，對木瓜牛奶的香濃滋味卻無法抵抗。

一天，喝著木瓜牛奶的我想著，「咦～可以用木瓜來煮果醬嗎？」

「搭配什麼才能擁有像木瓜牛奶般，令孩子也喜歡的滋味呢？」

「葡萄乾？！」靈光一閃的我，馬上進廚房比劃了起來……

材料 /

中型木瓜約2顆取果肉	600公克
葡萄乾	50公克
香草豆莢	1/2條
綠檸檬約2顆取果汁	20公克
冰糖	350公克

Linda's 極品果醬祕訣

1. 滋味加分訣竅：這款果醬特地摻入香草及葡萄乾以調和木瓜特有的味道，如果還是不太適應，可以再多加一點檸檬汁，增添風味。而葡萄乾本身已經含有甜度，若希望果醬不要過甜，冰糖的分量可以減少一些。

2. 熬煮技巧：木瓜含有大量果膠，熬煮時容易黏在鍋底燒焦，要特別注意持續攪拌。

作法 /

01 將綠檸檬洗淨、對切後榨汁，取20公克。

02 木瓜去皮、對切去籽，切成1公分正方小丁。

03 將木瓜、檸檬汁與冰糖放在玻璃盆內拌勻，用保鮮膜封好。

04 放進冰箱10～12小時，約3～4小時需取出來攪拌一次。

05 自冰箱取出，倒入銅鍋內以中小火加熱並不時攪拌。

06 煮沸後將澀汁撈除。

07　取葡萄乾秤重50公克。

08　將葡萄乾加入銅鍋中一起熬煮。

09　將香草豆莢縱切剖半，以刀尖取出香草籽加入銅鍋中。

10　持續加熱與攪拌，直到果醬達103度。

11　待果醬呈濃稠狀即可關火。將果醬裝進瓶內，蓋上瓶蓋後趁熱倒扣。

12　倒扣30分鐘後洗淨瓶身，置於室溫3～7天再放進冰箱中冷藏。

酒釀果乾的華麗口感，襯托番茄好滋味

番茄紅酒無花果果醬

小小顆的無花果籽在舌尖與味蕾上歡舞，
滑順的果膠與淡雅的煙燻味翻滾於唇齒之間，
令人垂涎三尺的濃醇芳香，
演繹出一場嗅覺與味覺的豪華盛宴。

材料 ╱

玉女小番茄去蒂去皮取	400公克
無花果乾	200公克
紅酒	200公克
綠檸檬約3顆取果汁	50公克
冰糖	500公克

🐱inda's 極品果醬祕訣

材料選擇：市售的小番茄有許多種類，紅的、黃的、橘的，顏色都很美麗。不過在煮這款果醬時，我喜歡選用皮薄、甜度高，且果肉較厚實、香氣溫雅的玉女小番茄，讓果醬在香氣與味覺層次上更加細緻。

作法 ╱

01 無花果乾浸在紅酒中放進冰箱3天，每天需取出來攪拌。

02 將紅酒無花果乾切成1/4瓣狀，剩餘的紅酒汁需保留。

03 將綠檸檬洗淨、對切後榨汁，取50公克。

04 小番茄洗淨，表皮以刀尖輕劃十字後，放進沸水中汆燙一下。

05 將小番茄的外皮剝除，切成1/4瓣狀。

06 將無花果乾、小番茄、紅酒汁、檸檬汁與冰糖放在玻璃盆內拌勻，用保鮮膜封好。

07 放進冰箱10～12小時，約3～4小時需取出來攪拌一次。

08 自冰箱取出，倒入銅鍋內以中小火熬煮，煮沸後將澀汁撈除。

09 熬煮至果醬濃縮至僅剩1/2後即關火。將果粒撈出打成果泥。

10 將果泥倒回銅鍋中，重新開火煮至沸騰，再煮6分鐘即關火。

11 將果醬裝進瓶內，蓋上瓶蓋後趁熱倒扣。

12 倒扣30分鐘後洗淨瓶身，置於室溫3～7天再放進冰箱中冷藏。

冬季的聖誕熱情，混搭糖蜜的懷舊風情

西洋梨焦糖果醬

宛如鑽石的冰糖經過火的淬鍊，
轉化成令人驚豔的黃黑漸層，
散發出饒富深度的濃濃焦香，
讓單純的水果滋味多了一分深思熟慮的甜蜜。

材料

西洋梨約7顆取果肉	600公克
肉桂棒	2公克
綠檸檬約2顆取果皮	6公克
綠檸檬約2顆取果汁	25公克
冰糖	300公克
冷開水	30毫升

𝓛inda's 極品果醬祕訣

1. 熬煮技巧：熬煮焦糖時，需稍微搖動鍋子或攪拌，讓冰糖能均勻受熱，煮出來的焦糖味道才會好。而後加入西洋梨時，由於銅鍋內的溫度極高，需小心糖汁噴濺出來。

2. 滋味加分訣竅：喜歡肉桂香味的人，在作法8時可不取出肉桂棒，繼續與果醬一起熬煮完成，並裝進果醬瓶內，則味道會更香濃。

切細一點！

作法

01　綠檸檬洗淨，削下檸檬皮綠色部分；再對切榨汁取25公克。

02　西洋梨洗淨去皮、對切去核，一半切成0.5公分正方的小丁，另一半打成果泥。

03　將西洋梨與檸檬汁放在玻璃盆內拌勻。

04　將冰糖與冷開水倒入銅鍋內，以小火煮至冰糖完全溶解、變琥珀色即關火。

05　將作法3的西洋梨倒入銅鍋內與焦糖拌勻。

06　重新開火熬煮到沸騰，並將澀汁撈除。

07　將檸檬皮及肉桂棒加入銅鍋中一起熬煮。

08　熬煮至果醬濃縮至僅剩1/2，用筷子夾起檸檬片及肉桂棒並關火。

09　將果醬裝進瓶內，蓋上瓶蓋後趁熱倒扣。

10　倒扣30分鐘後洗淨瓶身，置於室溫3～7天再放進冰箱中冷藏。

Recipe 33

醇厚酒香與奔放果香，交融出熟成好風味

白蘭地杏桃百香果果醬

週末居家時，不論是一個人小酌，
還是三五好友聚在一起閒散的聊著，
一杯酒、幾樣品酒小點，
幾匙白蘭地杏桃百香果果醬、Cheese、火腿，
配著酒香、音樂，愉快而放鬆。
不僅浪漫也能為生活增添儀式感。

材料 /

檸檬汁	20公克
杏桃乾	350公克
百香果	150公克
蘋果泥	100公克
冰糖	260公克
白蘭地	1大匙(約15公克)

🐱inda's 極品果醬祕訣

1. 熬煮技巧：杏桃乾的粗細是口感的關鍵，如果是喜歡條狀口感明顯的，就可以大手大腳的切細條狀就好，如果你愛的濃厚的果「醬」口感，就可以切得更細一點喔！
2. 滋味加分：白蘭地是風味更熟的關鍵，如果家中有小朋友，或是茹素的朋友，也可以把白蘭地換成新鮮的柳橙汁2大匙，會另有一番風味。

作法

01　將綠檸檬洗淨，對切後榨汁，取20公克。

02　杏桃乾，切成小小丁條狀，備用。

03　百香果洗淨後擦乾，對切後用湯匙取出果肉。

04　蘋果洗淨去皮去核，切塊後以果汁機打成泥，備用。

05　把切好的杏桃乾與百香果肉、蘋果泥與冰糖、檸檬汁拌均，用保鮮膜封好。

06　放至冰箱8～12小時，約6小時需取出攪拌後再放至冰箱中。

07　自冰箱取出直接放至銅鍋中，以中小火加熱並不時攪拌。

08　煮沸後將澀汁撈除。

09　續煮至鍋中的果醬變濃稠，加入白蘭地，並邊加熱邊持續撈除澀汁。

10　續煮果醬濃縮至1/2時，將澀汁撈除。

11　關火後把煮好的果醬裝至消毒後的果醬瓶中，蓋上瓶蓋後趁熱倒扣。

12　靜置30分鐘以上，把果醬瓶洗乾淨，置於室溫3~7天後再放直冷藏中保存。

Part 7

果醬吃法

54種創意果醬食譜，
不思議的味蕾新搭檔！

你以為果醬只能抹吐司、泡水果茶嗎？快告別這單調的童年記憶吧！這個單元就與大家分享果醬的「54變創意吃法」——用果醬入菜做料理；塗抹、裹入、拌進各樣糕點當中；甚至把果醬加入甜湯、飲料或冰品裡，讓日常飲食瞬間變成新風味！多嘗試一下，你也可以找出獨樹一格的創意果醬吃法喔！

調入果醬作為料理的醬汁，能讓蔬菜口感更爽脆、肉類滋味更鮮美。

滋味鮮美的果醬**料理**

01 柚香涮肉片 （料理）（糕點）（甜品）

材料（2人份）

豬肉片	300公克
秋葵	20根
青蔥	3根
雞蛋	1顆
淡醬油	1/2茶匙
鹽	1/4茶匙
熱開水	100毫升
粉紅胡椒蜜柚果醬	2大匙

作法

1. 將雞蛋打散、加入淡醬油攪拌均勻後，放入豬肉片醃10分鐘，再將醃過的豬肉片汆燙至熟透備用。
2. 將秋葵汆燙過、切除蒂頭部分，放涼後備用。
3. 將青蔥洗淨後切成蔥花備用。
4. 將鹽、熱開水及粉紅胡椒蜜柚果醬放入小鍋中，煮至沸騰略收乾後加入蔥花並關火，即完成柚香醬汁。
5. 用豬肉片包捲秋葵，一一捲好後擺盤，淋上柚香醬汁即可享用。

Linda's小提醒

1. 粉紅胡椒蜜柚果醬的作法詳見P98。
2. 這款吃法所使用的果醬也可用金棗柳橙果醬（P70）或薄荷青檸果醬（P114）替換；改用薄荷青檸果醬時，不妨加入魚露與辣椒，調味成泰式風味涮肉片。

02 義式蘋果什錦燉肉 料理 輕點 甜品

材料（4人份）

豬肉	600公克
馬鈴薯	2顆
紅蘿蔔	1條
大番茄	2顆
南瓜	1/4顆
洋蔥	1顆
蒜頭	5瓣
青蔥	2根
義大利綜合香料	1茶匙
淡醬油	3大匙
鹽	1小匙
肉桂蘋果果醬	1.5大匙

作法

1. 將豬肉切大塊，在平底鍋內煎成表面金黃後備用。
2. 將馬鈴薯與紅蘿蔔去皮後切成塊狀，備用。
3. 將大番茄、南瓜洗淨，去蒂後切成大塊狀。
4. 將洋蔥去皮後切成2公分正方的小塊；將蒜頭去皮後拍碎。
5. 將洋蔥與蒜頭放進煎過豬肉的平底鍋中炒至金黃色後，再加入馬鈴薯與紅蘿蔔略微翻炒一下。
6. 將所有材料放進燉鍋中，撒上義大利綜合香料、淡醬油及肉桂蘋果果醬後，燉煮至熟透。
7. 依各人口味摻入鹽拌勻，將青蔥切段撒在上面，即可盛盤上桌。

Linda's小提醒

1. 肉桂蘋果果醬的作法詳見P88。
2. 這款吃法所使用的果醬也可用蘋果果醬（P46）或西洋梨焦糖果醬（P146）替換。

03 香橙肉絲 料理 糕點 甜品

材料（2人份）

豬肉絲	300公克
洋蔥	1/2顆
花椰菜	1/4顆
柳橙	1顆
雞蛋	1顆
鹽	1/4小匙
味醂	1/2小匙
橄欖油	3大匙
檸檬	1/2顆
丁香柳橙果醬	2大匙

作法

1. 將柳橙對切，取半顆柳橙榨汁，加入雞蛋、鹽、味醂攪拌均勻後，放入豬肉絲醃15分鐘，再瀝乾備用。
2. 將另外半顆柳橙切成薄片備用。
3. 將洋蔥與花椰菜洗淨，洋蔥切絲狀、花椰菜摘成一朵朵。
4. 於平底鍋內加入橄欖油稍微熱鍋後，將洋蔥放入炒香，再倒入豬肉絲一起翻炒。
5. 待豬肉絲半熟時，加入檸檬汁與丁香柳橙果醬，續炒至收汁後關火。
6. 將花椰菜氽燙後瀝乾，排放於盛盤的周邊圍成一圈。
7. 將炒熟的洋蔥與豬肉絲盛裝在花椰菜圓圈之內，裝飾上柳橙薄片即可享用。

Linda's小提醒

1. 丁香柳橙果醬的作法詳見P92。
2. 這款吃法所使用的果醬也可用柑橘果醬（P50）或加州李果醬（P58）替換；改用加州李果醬時，果醬及檸檬汁的用量可酌量減少，以免過酸。

04 雞柳鮮蔬橙香沙拉 料理 糕點 甜品

材料（2人份）

雞胸肉……………………500公克
月桂葉………………………3片
蘋果…………………………1顆
沙拉菜………………………1顆
雞蛋…………………………1顆
橄欖油……………………1/2小匙
米酒………………………1/2小匙
鹽…………………………1/2小匙
胡椒粉……………………1/4小匙
腰果………………………2大匙
芥末醬………………………1茶匙
金棗柳橙果醬………………2大匙

作法

1. 將雞蛋、橄欖油、米酒及鹽拌勻，放入雞胸肉醃15分鐘，再瀝乾備用。
2. 將雞胸肉與月桂葉一起放入平底鍋中煎至半熟。
3. 將煎至半熟的雞胸肉放進烤箱中，以200度烤15分鐘直到熟透，約7分鐘半時需翻面一次。烤好後均勻地灑上胡椒粉。
4. 將雞胸肉放涼，切成長7公分、寬3公分的長塊狀。
5. 將蘋果洗淨、去核、切成大塊，也將沙拉菜洗淨、切段，擺在碗盤裡。
6. 將雞肉塊放在碗盤中央，淋上芥末醬及金棗柳橙果醬，再撒上腰果即可。

Linda's小提醒

1. 金棗柳橙果醬的作法詳見P70。
2. 這款吃法所使用的果醬也可用粉紅胡椒蜜柚果醬（P98）或多C水果綠茶果醬（P130）替換。

05 李子果醬拌雞絲 料理 糕點 甜品

材料（2人份）

雞胸肉················200公克
洋菜條····················5公克
小黃瓜·······················1條
紅蘿蔔····················1/2根
洋蔥·······················1/4顆
米酒·······················1小匙
橄欖油·····················1大匙
淡醬油·····················3大匙
海鹽·····················1/4小匙
白芝麻···················1/2小匙
加州李果醬··············2小匙

作法

1. 將雞胸肉表面抹上米酒，放進電鍋中以半杯水蒸熟，放涼後用手撕成細絲狀。
2. 將洋菜條切成5公分長段，放入熱開水中泡開，直到變軟、變半透明。
3. 將小黃瓜及紅蘿蔔刨成絲；將洋蔥切成細末。
4. 橄欖油、淡醬油、海鹽及加州李果醬拌勻做成醬。
5. 將雞胸肉絲、洋菜條、小黃瓜絲及紅蘿蔔絲、洋蔥放進沙拉碗中，淋上淋醬、撒上白芝麻即完成。

Linda's小提醒

1. 加州李果醬的作法詳見P58。
2. 這款吃法所使用的果醬也可用柑橘果醬（P50）或雪梨百香果果醬（P74）替換；改用柑橘果醬時，可再摻入些許檸檬汁，滋味酸甜更下飯。

06 奇異果酸溜魚片 料理 糕點 甜品

材料 （2人份）

魚肉片‥‥‥‥‥‥200公克
紅椒‥‥‥‥‥‥‥‥1/2顆
黃椒‥‥‥‥‥‥‥‥1/2顆
海鹽‥‥‥‥‥‥‥1/4茶匙
麵粉‥‥‥‥‥‥‥‥10公克
橄欖油‥‥‥‥‥‥‥1大匙
奶油‥‥‥‥‥‥‥‥1茶匙
熱開水‥‥‥‥‥‥‥1大匙

作法

1. 將魚肉片切成長7公分、寬3公分的寬板狀，抹上海鹽醃5分鐘。
2. 將魚肉片沾取少許麵粉，下鍋以橄欖油煎熟。
3. 將紅椒與黃椒切成1公分見方的塊狀，下鍋以奶油炒至7分熟後，加入熱開水及馬鞭草奇異果果醬，拌勻燒開後，做成淋醬。
4. 將魚片盛盤後，淋上醬汁即可享用。

Linda's小提醒

1. 馬鞭草奇異果果醬的作法詳見P122。
2. 這款吃法所使用的果醬也可用檸檬洛神花果醬（P78）或薄荷青檸果醬（P114）。

07 青檸香拌花枝 料理 糕點 甜品

材料 （2人份）

花枝 ………………… 300公克
小番茄 ………………… 7顆
洋蔥 ………………… 1/2顆
芹菜 ………………… 1小把
九層塔 ………………… 10片
橄欖油 ………………… 1大匙
醬油 ………………… 1茶匙
白醋 ………………… 1茶匙
辣椒粉 ………………… 1/2茶匙
薄荷青檸果醬 ……… 2茶匙

作法

1. 將花枝以熱開水汆燙熟透，放進冰水中稍微冰鎮後取出，直切成一圈圈，並盛裝於盤內。
2. 將小番茄對半切開，再將洋蔥與芹菜切絲，三者拌勻，灑在花枝上。
3. 將九層塔切成碎末，再與橄欖油、醬油、白醋、辣椒粉及薄荷青檸果醬拌勻，做成淋醬。
4. 將淋醬淋在花枝上，香辣酸甜的青檸香拌花枝就可以上桌了。

Linda's小提醒

1. 薄荷青檸果醬的作法詳見P114。
2. 這款吃法所使用的果醬也可用檸檬洛神花果醬（P78）或丁香柳橙果醬（P92）替換；改用丁香柳橙果醬時，可以再摻入些許檸檬汁，讓酸味加乘更提味。

08 水果鮮蝦沙拉 料理 糕點 甜品

材料 （2人份）

鮮蝦 ····················· 200公克
酪梨 ····················· 100公克
黃椒 ··························· 1顆
小黃瓜 ························ 2條
小番茄 ················ 7～10顆
無糖優格 ···················· 1杯

作法

1. 將鮮蝦以沸水汆燙至熟後，剝去外殼備用。
2. 將酪梨切成2公分見方的塊狀備用。
3. 將黃椒、小黃瓜縱切成1公分寬的長條狀；小番茄則洗淨對切成半備用。
4. 將無糖優格與多C水果綠茶果醬拌勻，製成水果優格沙拉醬。
5. 將所有備好的食材擺盤後，淋上水果優格沙拉醬即可享用。

Linda's小提醒

1. 多C水果綠茶果醬的作法詳見P130。
2. 這款吃法所使用的果醬也可用金棗柳橙果醬（P70）或粉紅胡椒蜜柚果醬（P98）替換。

09 桂花水梨糯米藕 料理 糕點 甜品

材料 （2人份）

蓮藕 ································· 500公克
糯米 ································· 300公克
冰糖 ································· 100公克
桂花水梨果醬 ······················ 2大匙

作法

1. 將蓮藕洗淨，將一節一節的蓮藕兩端蒂頭切除約1公分，蒂頭需保留。
2. 將糯米洗淨，泡水後放進冰箱約30分鐘，再取出瀝乾，塞進蓮藕的孔洞中。
3. 將切下保留的蒂頭蓋回原本的蓮藕中段，並用牙籤固定。
4. 煮一鍋水，煮沸後放入糯米蓮藕。
5. 繼續煮至水滾，蓋上鍋蓋以小火再煮30分鐘。
6. 加入冰糖，續煮至糖水收乾為止即關火。
7. 於室溫放涼後再放進冰箱中冰鎮1小時，取出後切片，再淋上桂花水梨果醬即可享用。

Linda's小提醒

1. 桂花水梨果醬的作法詳見P112。
2. 這款吃法所使用的果醬也可用迷迭香甜桃果醬（P116）或薰衣草火龍果果醬（P118）替換。

10 無花果金黃馬鈴薯 料理 糕點 甜品

材料 （2人份）

中型馬鈴薯⋯⋯⋯⋯⋯⋯⋯⋯3顆
培根片⋯⋯⋯⋯⋯⋯⋯⋯100公克
橄欖油⋯⋯⋯⋯⋯⋯⋯⋯⋯1大匙
黑胡椒⋯⋯⋯⋯⋯⋯⋯⋯1/2茶匙
義大利綜合香料⋯⋯⋯⋯1/2茶匙
莫扎瑞拉起司⋯⋯⋯⋯⋯100公克
番茄紅酒無花果果醬⋯⋯⋯2大匙

作法

1. 將馬鈴薯帶皮洗淨後，直接切成0.7公分厚的片狀。
2. 將培根片煎至香脆，放涼後剝成小塊狀。
3. 將馬鈴薯厚片放到煎過培根片的不沾鍋中，煎至熟透且雙面呈金黃色為止。
4. 將煎過的馬鈴薯厚片排放在烤盤上，撒上培根小塊，並淋上橄欖油、撒上黑胡椒與義大利綜合香料，放入烤箱中烤5分鐘後取出。
5. 將莫扎瑞拉起司剝成小塊狀灑在烤過的馬鈴薯厚片上，再淋上番茄紅酒無花果果醬即可享用。

Linda's小提醒

1. 番茄紅酒無花果果醬的作法詳見P144。
2. 這款吃法所使用的果醬也可用肉桂蘋果果醬（P88）或柳橙紅茶酒香果醬（P134）替換。

11 涼拌百香銀芽

材料 （2人份）

豆芽菜	200公克	白醋	1小匙
香菜	10公克	海鹽	1/2小匙
辣椒	1條	雪梨百香果果醬	2小匙

作法

1. 煮一鍋水，沸騰後將豆芽菜放入汆燙一下撈起，以冷開水沖淨後瀝乾。
2. 將香菜洗淨後，切成細末。
3. 將辣椒對半剖開、去籽後，切成細絲。
4. 將白醋、海鹽及雪梨百香果果醬拌勻，做成醬汁。
5. 將豆芽菜、香菜及辣椒放在碗內，淋上醬汁拌勻，放入冰箱1小時即可。

Linda's小提醒

1. 雪梨百香果果醬的作法詳見P74。
2. 這款吃法所使用的果醬也可用丁香柳橙果醬（P92）或桂花水梨果醬（P112）替換；改用桂花水梨果醬時，可再摻入些許檸檬汁增添風味。

12 柚香涼拌山藥

材料 （2人份）

山藥	300公克
玄米醋	1大匙
海鹽	1/2小匙
紅蘋果葡萄柚果醬	2大匙

作法

1. 將山藥洗淨、去皮，切成長5公分的條狀後，放進沸水中汆燙10秒鐘，再撈起放入冰水中冷卻。
2. 玄米醋、海鹽及紅蘋果葡萄柚果醬拌勻做成醬汁。
3. 將山藥瀝乾後盛盤，淋上醬汁即可享用。

Linda's小提醒

1. 紅蘋果葡萄柚果醬的作法詳見P66。
2. 這款吃法所使用的果醬也可用多C水果綠茶果醬（P130）或番茄紅酒無花果果醬（P144）替換。

13 夏威夷沙拉捲 料理 糕點 甜品

材料 （2人份）

潤餅皮	4張	花生粉	5茶匙
火腿片	2片	沙拉醬	1大匙
苜蓿芽	200公克	芭蕉鳳梨果醬	2大匙

作法

1. 將火腿片切成條狀備用。
2. 將沙拉醬與芭蕉鳳梨果醬拌勻，製成芭蕉鳳梨沙拉醬，裝進塑膠袋內並於袋角剪一小洞備用。
3. 取一張潤餅皮，放上苜蓿芽、花生粉及半片分量的火腿條後，再擠上芭蕉鳳梨沙拉醬。
4. 將潤餅捲起來，就完成有夏威夷風味的沙拉捲了！

Linda's小提醒

1. 芭蕉鳳梨果醬的作法詳見P76。
2. 這款吃法所使用的果醬也可用紅蘋果葡萄柚果醬（P66）或香草青蘋甜瓜果醬（P90）替換。

14 香蕉果醬蔬菜棒 料理 糕點 甜品

材料 （2人份）

紅蘿蔔	1條	小黃瓜	3條
西洋芹	半顆	原味優格	1大匙
八角黑糖香蕉果醬			2大匙

作法

1. 將紅蘿蔔、西洋芹及小黃瓜洗淨（紅蘿蔔及西洋芹需去皮），縱切成長條狀。
2. 將切好的蔬菜條放進冰水中冰鎮10分鐘，取出瀝乾。
3. 將原味優格與八角黑糖香蕉果醬拌勻，製成果醬沙拉沾醬。
4. 用蔬菜條沾果醬沙拉沾醬品嚐，香甜的滋味連小朋友都會愛上。

Linda's小提醒

1. 八角黑糖香蕉果醬的作法詳見P96。
2. 這款吃法所使用的果醬也可用香蕉蘭姆巧克力果醬（P136）或木瓜香草葡萄乾果醬（P140）替換。

幸福滿分的果醬**糕點**

將果醬包裹在糕餅之中、塗抹在茶點上頭，隨即就能享受一下午的浪漫閒情。

15 幸福草莓可麗餅 （料理）（糕點）（甜品）

材料（2人份）

低筋麵粉	90公克
糖	20公克
鹽	1公克
雞蛋	2顆
無鹽奶油	15公克
鮮奶	250毫升
蘭姆酒	15毫升
鮮奶油	2大匙
草莓果醬	2大匙

作法

1. 將低筋麵粉、糖與鹽混合後，以篩網過濾備用。
2. 將雞蛋打散、無鹽奶油溶化，與鮮奶拌勻，再以篩網過濾。
3. 將作法1之材料慢慢倒入作法2之材料盆中，邊倒邊攪拌至均勻後，加入蘭姆酒，再攪拌至無顆粒為止，並以篩網過濾。
4. 放進冰箱冷藏4小時以上再取出，此即為可麗餅麵糊。
5. 將不沾鍋加熱，取一大瓢麵糊以小火煎熟，擠上鮮奶油再淋上草莓果醬1大匙後對摺2次。
6. 將可麗餅盛盤後，搭配幾顆新鮮草莓並淋上適量的草莓果醬汁液即可享用。約可做成2份可麗餅，每1份為1人份。

Linda's小提醒

1. 草莓果醬的作法詳見P48。
2. 這款吃法所使用的果醬也可用柑橘果醬（P50）或紫葡萄果醬（P54）。

16 香蕉巧克力法棍夾心 料理 糕點 甜品

材料（2人份）

法國麵包 ··························· 半條
起司片 ····························· 3片
碎核桃 ····························· 20公克
無鹽奶油 ·························· 2大匙
香蕉蘭姆巧克力果醬 ······· 1罐

作法

1. 將法國麵包斜切成1公分的片狀，半條約可切成12～16片。
2. 將法國麵包厚片分成兩等分，其中一半將中間的麵包部分挖空。
3. 將另一半法國麵包厚片單面抹上奶油，疊上一片挖空的法國麵包。
4. 用香蕉蘭姆巧克力果醬填滿法國麵包挖空的空間。
5. 將起司片剝成小塊狀，灑在香蕉蘭姆巧克力果醬與魔杖麵包上。
6. 將法國麵包排放在烤盤上，放入烤箱中以200度烤10分鐘。
7. 出爐後，在法國麵包上頭撒點碎核桃即可。可做成6～8份夾心，
　每3～4份為1人份。

Linda's小提醒

1. 香蕉蘭姆巧克力果醬的作法詳見P136。
2. 這款吃法所使用的果醬也可用肉桂蘋果果醬（P88）或番茄紅酒無花果果醬（P144）。

17 苦甜巧克力果醬水果塔 （料理）（糕點）（甜品）

材料 （2人份）

塔皮 ······································6個
檸檬 ······································1顆
柳橙 ······································2顆
碎核桃 ·································30公克
苦甜巧克力粉 ·······················30公克
鮮奶油 ·································50公克
蘭姆酒 ·································· 1茶匙
柳橙紅茶酒香果醬 ·············· 2大匙

作法

1. 將綠檸檬洗淨，用刮皮器刮下少許檸檬絲，以沸水汆燙後備用。

2. 將柳橙洗淨，也用刮皮器刮下少許柳橙皮，並片出柳橙果肉備用。

3. 將塔皮放入烤箱中以200度烤10分鐘後，取出放置冷卻。

4. 將碎核桃平鋪於烤盤上，放入烤箱中以150度烤8分鐘。

5. 將苦甜巧克力粉、鮮奶油、蘭姆酒及柳橙紅茶酒香果醬放進食物調理機中攪拌1分鐘，製成苦甜巧克力淋醬。

6. 將片下的柳橙果肉置於水果塔皮中央，淋上苦甜巧克力淋醬後，灑上碎核桃、檸檬絲及柳橙絲裝飾即可享用。每3個水果塔為1人份。

Linda's小提醒

1. 柳橙紅茶酒香果醬的作法詳見P134。

2. 這款吃法所使用的果醬也可用蘋果果醬（P46）或西洋梨焦糖果醬（P146）替換。

18 黑糖香蕉千層酥 料理 糕點 甜品

材料 （2人份）

起酥片····························6片
無鹽奶油·····················1茶匙
雞蛋·····························1顆
細砂糖·····················1大匙
八角黑糖香蕉果醬············2大匙

作法

1. 將起酥片以十字切法均分切成4片。
2. 每3小片起酥片為一份，取其中一片於表面輕劃三刀平行的刀痕；另外兩片未劃刀痕的起酥片，需用牙籤在表面戳刺出十數個小洞以便透氣。
3. 在戳洞的起酥片表面塗上八角黑糖香蕉果醬，疊上第2片再塗上果醬，最後疊上劃有刀痕的起酥片（每一份共疊3層小起酥片，可做成8份千層酥）。
4. 在烤盤上抹一層奶油；並將雞蛋打成蛋汁備用。
5. 將千層酥一一排放在烤盤上，最上層表面刷上蛋汁後放入烤箱中，先以200度烤10分鐘，將烤盤取出轉180度，再放入烤箱中續烤5分鐘。
6. 烤好後撒上少許細砂糖，放涼即可享用。每4份千層酥為1人份。

Linda's小提醒

1. 八角黑糖香蕉果醬的作法詳見P96。
2. 這款吃法所使用的果醬也可用草莓果醬（P48）或甜柿果醬（P56）替換。

19 玫瑰蘋果法式吐司 料理 糕點 甜品

材料 (2人份)

厚片吐司·····························4片
雞蛋·································2顆
鮮奶·····························200毫升
奶油·································1大匙
蜂蜜·································1茶匙
熱開水·······························1大匙
玫瑰蘋果果醬·······················2大匙

作法

1. 將厚片吐司對切成1/2長條狀。
2. 將雞蛋打成蛋液後與鮮奶拌勻,裝在保鮮盒中。
3. 將厚片吐司浸入鮮奶蛋液中,放入冰箱冷藏一夜。
4. 在平底鍋內抹上奶油後加熱,以中小火將泡過鮮奶蛋液的厚片吐司兩面煎至金黃色,再加蓋燜熟。
5. 將玫瑰蘋果果醬加入熱開水中微波30秒,再拌入蜂蜜,製成玫瑰蘋果蜂蜜淋醬。
6. 將煎好的吐司盛盤後,淋上玫瑰蘋果蜂蜜淋醬即可享用。每4小條法國吐司為1人份。

Linda's小提醒

1. 玫瑰蘋果果醬的作法詳見P108。
2. 這款吃法所使用的果醬也可用迷迭香甜桃果醬(P116)或香蕉蘭姆巧克力果醬(P136)替換。

20 芭蕉鳳梨磅蛋糕 （料理）（糕點）（甜品）

材料 （2人份）

鬆餅粉·····························200公克
牛奶·······························150毫升
雞蛋·································2顆
蘭姆酒······························2滴
核桃粒······························15公克
芭蕉鳳梨果醬····················2大匙

作法

1. 將鬆餅粉、牛奶、雞蛋、蘭姆酒及芭蕉鳳梨果醬2大匙拌勻，倒入長條狀烤模中（約7分滿即可），並輕敲一下烤模讓氣泡跑出來。
2. 在烤模的鬆餅麵糊表面撒上核桃粒。
3. 先將烤箱預熱至160度後，將烤模放進烤箱內烘烤30分鐘，用竹籤戳看看中心是否熟透，若已熟透，再稍微烘烤至表皮呈金黃色即可取出。
4. 蛋糕取出後趁熱自烤模中倒出，放涼後即可切片享用。約可切成6片蛋糕片，每3片為1人份。

Linda's小提醒

1. 芭蕉鳳梨果醬的作法詳見P76。
2. 這款吃法所使用的果醬也可用八角黑糖香蕉果醬（P96）或柳橙紅茶酒香果醬（P134）替換。

21 香蕉巧克力鬆餅 料理 糕點 甜品

材料 （2人份）

比利時鬆餅·······················4塊
鮮奶油···························2大匙
香蕉蘭姆巧克力果醬········2大匙

作法

1. 將比利時鬆餅排放在烤盤上，放入烤箱中以150度烤8分鐘（烤5分鐘時需翻面），取出放置冷卻。
2. 將烤好的比利時鬆餅擺放在點心盤上。
3. 在比利時鬆餅上擠點鮮奶油，再抹上香蕉蘭姆巧克力果醬，香濃可口的甜點就完成了。每2塊比利時鬆餅為1人份。

Linda's小提醒

1. 香蕉蘭姆巧克力果醬的作法詳見P136。
2. 這款吃法所使用的果醬也可用八角黑糖香蕉果醬（P96）或番茄紅酒無花果果醬（P144）替換。

22 橙香火腿黑麥麵包

■ 材料（2人份）

黑麥麵包 ·························半條
生火腿 ····························6片
乳酪 ···························· 100公克
檸檬 ····························1顆
丁香柳橙果醬 ·················2茶匙

■ 作法

1. 將黑麥麵包切成1.5公分厚的片狀，半條約可切成4～6片。
2. 將生火腿切成寬1公分的長條狀。
3. 將乳酪切成1.5公分正方的小丁。
4. 將黑麥麵包放進烤箱稍微烤熱，取出後放上生火腿片及乳酪丁，再淋上金棗柳橙果醬。
5. 刮下適量的檸檬絲裝飾在麵包上即可享用。每2～3片為1人份。

Linda's小提醒

1. 丁香柳橙果醬的作法詳見P92。
2. 這款吃法所使用的果醬也可用芭蕉鳳梨果醬（P76）或八角黑糖香蕉果醬（P96）替換。

23 西洋梨焦糖牛角 料理 糕點 甜品

材料 （2人份）

牛角麵包 ··· 2個
西洋梨焦糖果醬 ·· 2大匙

作法

1. 將牛角麵包橫向對半切開，抹上西洋梨焦糖果醬。
2. 搭配一杯黑咖啡、再來一盤水果拼盤，就是豐盛又營養的早餐。每1個牛角麵包為1人份。

Linda's小提醒

1. 西洋梨焦糖果醬的作法詳見P146。
2. 這款吃法所使用的果醬也可用紫葡萄果醬（P54）或甜柿果醬（P56）替換。

24 火龍果醬佐司康 料理 糕點 甜品

材料 （2人份）

司康 ··· 4個
乳酪 ··· 50公克
薰衣草火龍果果醬 ······································· 2大匙

作法

1. 將司康從中橫向剝開，分成上、下兩片，於剝開面分別抹上一層乳酪。
2. 在抹過乳酪的司康上再塗抹一層厚厚的薰衣草火龍果果醬。
3. 每2個司康為1人份，搭配2杯茶，就是香氣滿滿的雙人午茶套餐。

Linda's小提醒

1. 薰衣草火龍果果醬的作法詳見P118。
2. 這款吃法所使用的果醬也可用草莓果醬（P48）或芭蕉鳳梨果醬（P76）替換。

25 甜柿果醬貝果 料理 糕點 甜品

材料（2人份）

原味貝果 ··· 2個
奶油 ··· 10公克
甜柿果醬 ··· 2大匙

作法

1. 將原味貝果橫切剖半，在切面上抹上奶油。
2. 奶油抹平後，再抹上一層厚厚的甜柿果醬。
3. 沖上一杯伯爵茶，就是簡單美味又有飽足感的美式早餐了。每1個貝果為1人份。

Linda's小提醒

1. 甜柿果醬的作法詳見P56。
2. 這款吃法所使用的果醬也可用薰衣草火龍果果醬（P118）或木瓜香草葡萄乾果醬（P140）替換。

26 洛神檸檬香烤饅頭 料理 糕點 甜品

材料（2人份）

山東大饅頭 ··· 2個
無鹽奶油 ··· 2茶匙
檸檬洛神花果醬 ··· 2大匙

作法

1. 將山東大饅頭橫切成1.5公分厚的片狀，每個饅頭約可切成4片。
2. 在饅頭片單面抹上薄薄一層無鹽奶油，再挖取檸檬洛神花果醬塗抹在上層。
3. 將塗抹了奶油與果醬的饅頭片放到烤箱中烤2分鐘。
4. 將烤過的饅頭片盛盤，每4片烤饅頭片為1人份，搭配一杯熱綠茶，就是一份具有飽足感的下午茶了。

Linda's小提醒

1. 檸檬洛神花果醬的作法詳見P78。
2. 這款吃法所使用的果醬也可用加州李果醬（P58）或八角黑糖香蕉果醬（P96）替換。

27 金橙奶油杯子蛋糕 料理 糕點 甜品

材料 （2人份）
原味杯子蛋糕 ············· 4個　　鮮奶油 ··················· 1大匙
薄荷葉 ························· 4片　　金棗柳橙果醬 ········ 2茶匙

作法
1. 在原味杯子蛋糕上擠上鮮奶油。
2. 在鮮奶油上抹一些金棗柳橙果醬。
3. 最後放上薄荷葉裝飾即可享用。每2個杯子蛋糕為1人份。

Linda's小提醒
1. 金棗柳橙果醬的作法詳見P70。
2. 這款吃法所使用的果醬也可用紫葡萄果醬（P54）或西洋梨焦糖果醬（P146）替換。

28 橘汁雪花糕 料理 糕點 甜品

材料 （2人份）
全脂鮮奶 ············· 500毫升　　椰漿 ················· 100毫升
玉米粉 ··················· 65公克　　椰子粉 ············· 25公克
冰糖 ······················ 60公克　　柑橘果醬 ············ 2大匙

作法
1. 將鮮奶150毫升與玉米粉攪拌均勻備用。
2. 將鮮奶350毫升與冰糖放在鍋中以小火煮沸。
3. 將作法2之材料慢慢倒入作法1之材料盆中，邊倒邊攪拌至呈糊狀。
4. 將椰漿加入並持續攪拌，直到攪不動時倒入容器中冷卻定型。
5. 於室溫放置2個小時後，自容器取出並切成一口大小的塊狀，約可切成12塊，一一裹上椰子粉再淋上柑橘果醬即可享用。每6塊雪花糕為1人份。

Linda's小提醒
1. 柑橘果醬的作法詳見P50。
2. 這款吃法所使用的果醬也可用雪梨百香果果醬（P74）或肉桂蘋果果醬（P88）。

29 麻糬甜柿菓子 （料理）（糕點）（甜品）

材料（2人份）

原味麻糬…………200公克　　沙拉油……………10公克
花生粉……………50公克　　甜柿果醬…………2大匙

作法

1. 雙手沾一點沙拉油抹開，取原味麻糬約20公克，在掌心捏壓成圓盤狀。
2. 包入甜柿果醬1小匙，將麻糬包成圓球狀，外頭裹上花生粉。共可做成10顆麻糬。
3. 每5顆麻糬為1人份，可搭配日式煎茶或抹茶享用。

30 烤棉花糖佐柳橙果醬 （料理）（糕點）（甜品）

材料（2人份）

白胖無夾心棉花糖 …………………………………… 12顆
奶油 ……………………………………………………… 1大匙
柳橙紅茶酒香果醬………………………………………… 2大匙

作法

1. 在竹籤上抹上少許奶油。
2. 每2～3顆棉花糖用1支竹籤串好，約可串成4～6串棉花糖，以小火爐烤至表層微微產生裂紋。
3. 在烤好的棉花糖上淋上適量的柳橙紅茶酒香果醬。
4. 將膨鬆柔軟的棉花糖盛放在盤中即可享用。每2～3串棉花糖為1人份。

Linda's小提醒

1. 甜柿果醬的作法詳見P56。
2. 這款吃法所使用的果醬也可用芭蕉鳳梨果醬（P76）或八角黑糖香蕉果醬（P96）替換。

Linda's小提醒

1. 柳橙紅茶酒香果醬的作法詳見P134。
2. 這款吃法所使用的果醬也可用草莓果醬（P48）或八角黑糖香蕉果醬（P96）替換。

31 酸甜李子蘇打餅乾

材料（2人份）

蘇打餅乾 ································· 10片
無鹽奶油 ································ 20公克
加州李果醬 ······························ 4大匙

作法

1. 取出市售的蘇打餅乾，先在蘇打餅乾單面抹上薄薄一層無鹽奶油。
2. 奶油抹平後，再抹上厚厚的加州李果醬。
3. 泡一杯熱紅茶，搭配蘇打餅乾（每5片蘇打餅乾為1人份），就能享受整個下午的悠閒時光。

Linda's小提醒

1. 加州李果醬的作法詳見P58。
2. 這款吃法所使用的果醬也可用柑橘果醬（P50）或馬鞭草奇異果果醬（P122）替換。

32 牛奶餅乾佐木瓜果醬

材料（2人份）

牛奶餅乾 ································· 10片
木瓜香草葡萄乾果醬 ····················· 2大匙

作法

1. 將市售的牛奶餅乾取出，擺放在點心盤上。
2. 以小碟子盛取木瓜香草葡萄乾果醬。
3. 在牛奶餅乾上抹上果醬，每5片牛奶餅乾為1人份，搭配一杯紅酒，就是午後姐妹淘談心時的小零嘴。

Linda's小提醒

1. 木瓜香草葡萄乾果醬的作法詳見P140。
2. 這款吃法所使用的果醬也可用紫葡萄果醬（P54）或玫瑰蘋果果醬（P108）。

33 青蘋甜瓜果醬夾心

材料 （2人份）

原味消化餅·······························12片
香草青蘋甜瓜果醬·····················6茶匙

作法

1. 取出市售沒有夾心的原味消化餅。
2. 在消化餅表面抹上厚厚的香草青蘋甜瓜果醬1茶匙，每2片貼合在一起製成夾心餅乾。共可做成6片夾心餅乾。
3. 每3片夾心餅乾為1人份，搭配一杯鮮奶，就是小朋友下課後的健康點心。

Linda's小提醒

1. 香草青蘋甜瓜果醬的作法詳見P90。
2. 這款吃法所使用的果醬也可用薰衣草火龍果醬（P118）或香蕉蘭姆巧克力果醬（P136）替換。

34 迷迭香甜桃蝴蝶酥

材料 （2人份）

蝴蝶酥餅乾·······························12片
紅茶包····································2包
迷迭香甜桃果醬·························2大匙

作法

1. 取出市售的蝴蝶酥餅乾擺放在盤子上。每6片蝴蝶酥為1人份。
2. 將迷迭香甜桃果醬盛裝在沾醬小碟子裡。
3. 用蝴蝶酥沾取果醬，再搭配熱騰騰的紅茶一塊品嚐，滋味絕佳。

Linda's小提醒

1. 迷迭香甜桃果醬的作法詳見P116。
2. 這款吃法所使用的果醬也可用紅蘋果葡萄柚果醬（P66）或木瓜香草葡萄乾果醬（P140）替換。

口口動人的果醬甜品

只要三、五個步驟，就能變化出 20 款美味的果醬甜品，讓人每天都想品嚐一番！

35 甜瓜香檳冰沙 料理 糕點 甜品

材料（2人份）

香檳	500毫升
小顆棉花糖	10顆
甜瓜	4片
薄荷葉	2片
香草青蘋甜瓜果醬	2大匙

作法

1. 將香草青蘋甜瓜果醬2大匙放入香檳中拌勻，倒在淺底平盤上放進冰箱中冷凍。

2. 冷凍30分鐘後取出，用湯匙或其他工具刮碎，再放回冰箱繼續冷凍45分鐘。

3. 冷凍後取出，以湯匙刮取、盛裝成兩碗，各灑上棉花糖5顆、放上甜瓜2片及薄荷葉1片，即可享用。

Linda's小提醒

1. 香草青蘋甜瓜果醬的作法詳見P90。

2. 這款吃法所使用的果醬也可用玫瑰蘋果果醬（P108）或迷迭香甜桃果醬（P116）替換。

36 葡萄紅茶冰沙 料理 糕點 甜品

材料（2人份）

紅茶包·······················2包
熱開水······················500毫升
紫葡萄果醬··················2大匙

作法

1. 將紅茶包以熱開水沖泡出茶香與茶色，放涼後倒入冰箱中的冰塊盒內冷凍。
2. 將結凍後的紅茶冰塊取出，用食物調理機打成冰沙狀。
3. 將紅茶冰沙分成兩等分，分別倒入喜歡的杯子裡，各淋上紫葡萄果醬1大匙即可享用。

Linda's小提醒

1. 紫葡萄果醬的作法詳見P54。
2. 這款吃法所使用的果醬也可用草莓果醬（P48）或馬鞭草奇異果果醬（P122）替換。

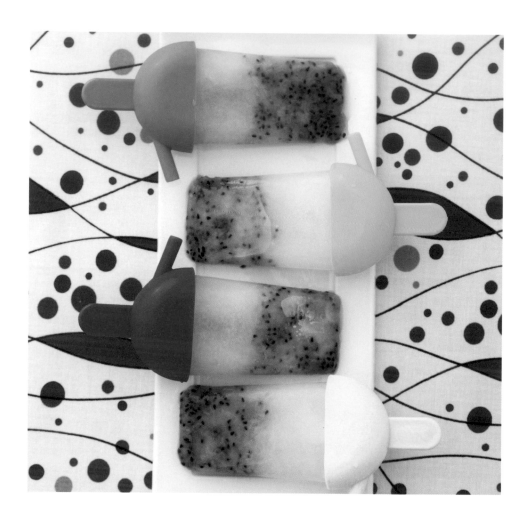

37 薰衣草火龍果棒棒冰 料理 糕點 甜品

材料（2人份）

冷開水·····················300毫升
薰衣草火龍果醬··········3大匙

作法

1. 將薰衣草火龍果醬放入冷開水中拌勻，約可製成2支棒棒冰。（可依喜好酌量加入果醬增添甜度，喜歡吃酸的人亦可加點檸檬汁。）
2. 將拌勻的果汁倒入製作冰棒的容器中。
3. 將製冰容器放進冰箱中冷凍1小時，即可取出享用。每1支棒棒冰為1人份。

Linda's小提醒

1. 薰衣草火龍果果醬的作法詳見P118
2. 這款吃法所使用的果醬也可用草莓果醬（P48）或桂花水梨果醬（P112）替換。

38 聖誕焦糖冰淇淋 料理 糕點 甜品

材料（2人份）

香草冰淇淋……………………4球
水果乾……………………20公克
蘭姆酒……………………1大匙
巧克力玉米脆片……………1大匙
捲心酥……………………4根
西洋梨焦糖果醬……………2大匙

作法

1. 將水果乾浸泡在蘭姆酒中醃漬一晚後瀝乾備用。
2. 將香草冰淇淋舀進冰淇淋碗內，每2球裝1碗共2碗。
3. 在2碗冰淇淋上各淋上西洋梨焦糖果醬1大匙、撒上水果乾約10公克與巧克力玉米脆片1/2大匙。
4. 最後每1碗冰淇淋各插上2根捲心酥，充滿聖誕氣息的冰淇淋就可以上桌囉！

Linda's小提醒

1. 西洋梨焦糖果醬的作法詳見P146。
2. 這款吃法所使用的果醬也可用肉桂蘋果果醬（P88）或番茄紅酒無花果果醬（P144）替換。

39 薄荷青檸冰飲 甜品

材料 （2人份）

檸檬 ·····················1/2顆　　熱開水 ···········150毫升
細白砂糖 ··············1茶匙　　薄荷青檸果醬 ········2大匙
冰塊（烘焙用量杯）···2杯

作法

1. 將薄荷青檸果醬沖入熱開水中攪拌，直到香氣釋出後放涼備用。
2. 將檸檬切成薄片，取兩片雙面皆抹上細白砂糖。
3. 將兩杯冰塊分別倒入兩個玻璃杯中。
4. 將薄荷青檸冰飲分成兩等分，分別倒入裝有冰塊的玻璃杯中，裝飾上檸檬糖片，就是透心涼的涼茶。

Linda's小提醒

1. 薄荷青檸果醬的作法詳見P114。
2. 這款吃法所使用的果醬也可用紅蘋果葡萄柚果醬（P66）或檸檬洛神花果醬（P78）替換。

40 水果柚香氣泡水 甜品

材料 （2人份）

氣泡礦泉水···2瓶
檸檬 ···1/2顆
粉紅胡椒蜜柚果醬 ··2大匙

作法

1. 將粉紅胡椒蜜柚果醬1大匙摻入1瓶氣泡礦泉水中拌勻，濾出果粒後倒入杯中。
2. 飲用前再擠入1/4顆的檸檬汁，就是一杯健康美味的調味氣泡水。
3. 同上述作法再製作一杯氣泡水，每1杯為1人份。

Linda's小提醒

1. 粉紅胡椒蜜柚果醬的作法詳見P98。
2. 這款吃法所使用的果醬也可用柑橘果醬（P50）或薄荷青檸果醬（P114）替換。

41 多C熱水果茶 料理 糕點 甜品

材料 （2人份）

蘋果	1顆	金桔	3顆
奇異果	1顆	冷開水	700毫升
多C水果綠茶果醬			3大匙

作法

1. 將蘋果洗淨去皮、對切去核，切成銀杏葉狀備用。
2. 將奇異果去皮後，切成半月片狀備用。
3. 將金桔洗淨後，切成1/4瓣狀備用。
4. 將冷開水煮沸，加入備好的蘋果、奇異果及金桔，並舀入多C水果綠茶果醬拌勻，續煮3分鐘關火。
5. 將煮好的水果茶倒入午茶壺中，就能在晴朗的午後輕鬆品嘗每一口濃郁酸甜。

Linda's小提醒

1. 多C水果綠茶果醬的作法詳見P130。
2. 這款吃法所使用的果醬也可用金棗柳橙果醬（P70）或雪梨百香果果醬（P74）替換；此時水果可以隨之替換。

42 橘香拿鐵 料理 糕點 甜品

材料 （2人份）

鮮奶	250毫升
黑咖啡	500毫升
柑橘果醬	2大匙

作法

1. 將柑橘果醬各1大匙舀入兩個咖啡杯中，放進微波爐內加熱10秒鐘。
2. 將黑咖啡分兩等分，分別倒入兩個咖啡杯中拌勻。
3. 將鮮奶打成奶泡，均等地倒入兩個咖啡杯中，香氣四溢的橘香拿鐵就完成囉！

Linda's小提醒

1. 柑橘果醬的作法詳見P50。
2. 這款吃法所使用的果醬也可用肉桂蘋果果醬（P88）或柳橙紅茶酒香果醬（P134）替換。

43 玫瑰蘋果奶茶 料理 糕點 甜品

材料 （2人份）

紅茶包⋯⋯⋯⋯⋯⋯3包	鮮奶油⋯⋯⋯⋯⋯⋯1大匙
冷開水⋯⋯⋯⋯250毫升	乾燥玫瑰花⋯⋯⋯⋯3朵
鮮奶⋯⋯⋯⋯⋯500毫升	玫瑰蘋果果醬⋯⋯2大匙

作法

1. 將冷開水煮沸後，放入紅茶包續煮3分鐘。
2. 取出紅茶包後，加入玫瑰蘋果果醬一起熬煮，直到果醬完全溶解為止。
3. 加入鮮奶及鮮奶油，以小火煮到鍋邊稍微起小泡泡、快要沸騰的狀態。
4. 將玫瑰蘋果奶茶分成兩等分，分別倒入兩個馬克杯中，剝下玫瑰花花瓣灑在奶茶上即可享用。

Linda's小提醒

1. 玫瑰蘋果果醬的作法詳見P108。
2. 這款吃法所使用的果醬也可用草莓果醬（P48）或西洋梨焦糖果醬（P146）替換；改用草莓果醬時，玫瑰花瓣可換成草莓醬汁；而改用西洋梨焦糖果醬時，玫瑰花瓣可換成肉桂粉。

44 肉桂蘋果豆奶 料理 糕點 甜品

材料 （2人份）

豆漿⋯⋯⋯⋯⋯500毫升	肉桂粉⋯⋯⋯⋯⋯⋯2公克
鮮奶⋯⋯⋯⋯⋯500毫升	肉桂蘋果果醬⋯⋯2大匙

作法

1. 將豆漿500毫升、鮮奶250毫升與肉桂蘋果果醬倒入食物調理機中拌勻後分成兩等分，分別盛裝在兩個杯子中。
2. 將另外的250毫升鮮奶打成奶泡後，均等地舀放在兩杯肉桂蘋果豆奶上。
3. 灑上適量的肉桂粉後即可享用。

Linda's小提醒

1. 肉桂蘋果果醬的作法詳見P88。
2. 這款吃法所使用的果醬也可用丁香柳橙果醬（P92）或西洋梨焦糖果醬（P146）替換。

45 草莓牛奶燕麥粥 料理 糕點 甜品

材料（2人份）

即食燕麥片…………4大匙　　鮮奶…………………500毫升
可可脆穀片…………2大匙　　草莓果醬……………2大匙
熱開水…………250毫升

作法

1. 將即食燕麥片以熱開水沖泡燜軟後，倒入鮮奶中攪拌均勻，分盛在兩個碗裡。
2. 在兩碗燕麥鮮奶上各淋上草莓果醬1大匙、可可脆穀片1大匙，就是隨時都能補充能量的高纖燕麥粥！

Linda's小提醒

1. 草莓果醬的作法詳見P48。
2. 這款吃法所使用的果醬也可用蘋果果醬（P46）或紫葡萄果醬（P54）替換。

46 木瓜椰汁鮮奶露 料理 糕點 甜品

材料（2人份）

玉米粉………………3大匙　　鮮奶…………………250毫升
冰糖……………100公克　　椰奶…………………3大匙
木瓜香草葡萄乾果醬……………………2大匙

作法

1. 將玉米粉沖入冷開水120毫升中拌勻備用。
2. 煮一鍋500毫升的水，以中火煮沸後，將冰糖倒入並煮至冰糖完全溶解。
3. 將鮮奶及椰奶倒入鍋中，轉以小火熱煮，直到鍋邊稍微起小泡泡（即將沸騰的狀態）為止。
4. 將調勻的玉米粉水緩緩倒入，邊倒邊攪拌，直到鍋內奶露呈濃稠狀。
5. 加入木瓜香草葡萄乾果醬拌勻後，平均地盛裝在兩個碗裡即可享用。

Linda's小提醒

1. 木瓜香草葡萄乾果醬的作法詳見P140。
2. 這款吃法所使用的果醬也可用甜柿果醬（P56）或香蕉蘭姆巧克力果醬（P136）替換。

47 紫玉抹茶白粉圓 料理 糕點 甜品

材料（2人份）

白粉圓	200公克
細冰糖	50公克
抹茶粉	3公克
紫葡萄果醬	2大匙

作法

1. 煮一鍋水至沸騰，倒入白粉圓煮至熟透後，撈起並瀝乾水分。
2. 將白粉圓與細冰糖趁熱拌勻。
3. 將粉圓盛裝在兩個碗裡，每一碗加上紫葡萄果醬1大匙、再撒點抹茶粉，就是道爽口的甜品了。

Linda's 小提醒

1. 紫葡萄果醬的作法詳見P54。
2. 這款吃法所使用的果醬也可用桂花水梨果醬（P112）或馬鞭草奇異果果醬（P122）替換；此時抹茶粉則不需加入。

48 奇異果果醬優格 料理 糕點 甜品

材料（2人份）

無糖優格	2杯
原味玉米脆片	2大匙
馬鞭草奇異果果醬	2茶匙

作法

1. 將無糖優格倒出來，分別盛裝在兩個碗中。
2. 在每一碗無糖優格上灑上原味玉米脆片1大匙。
3. 最後各淋上馬鞭草奇異果果醬1茶匙，即可享用。

Linda's 小提醒

1. 馬鞭草奇異果果醬的作法詳見P122。
2. 這款吃法所使用的果醬也可用甜柿果醬（P56）或木瓜香草葡萄乾果醬（P140）替換。

49 桂花水梨雪耳湯

材料 （2人份）

雪耳 ·· 30公克
紅棗 ·· 6顆
桂花水梨果醬 ······································· 2大匙

作法

1. 將雪耳以清水洗淨，剪掉蒂頭較髒的部分，再放入冷開水中浸泡15分鐘。
2. 煮一鍋700毫升的開水，煮沸後放入雪耳與紅棗煮開，再關小火續煮3分鐘。
3. 關火後，加入桂花水梨果醬拌勻，平均地盛裝在兩個碗裡即可享用。喜歡吃甜的人可以再加點冰糖。

Linda's小提醒

1. 桂花水梨果醬的作法詳見P112。
2. 這款吃法所使用的果醬也可用雪梨百香果果醬（P74）或粉紅胡椒蜜柚果醬（P98）替換。

50 迷迭香甜桃愛玉冰

材料 （2人份）

愛玉 ·· 200公克
冷開水 ··· 500毫升
冰糖 ·· 200公克
檸檬 ·· 1顆
迷迭香甜桃果醬 ······································· 2茶匙

作法

1. 將冷開水煮沸，加入冰糖攪拌至溶解後關火；於室溫放涼後，放進冰箱內冰鎮。
2. 將檸檬洗淨，用刮皮器刮下檸檬皮絲，切碎備用。
3. 將檸檬對切後榨汁備用。
4. 將愛玉切大塊分成兩等分，分別盛裝在兩個碗裡，各加入一半的冰糖水、淋上適量的檸檬汁。
5. 將迷迭香甜桃果醬各1茶匙淋在兩碗愛玉上，再分別灑上檸檬皮碎末即可享用。

Linda's小提醒

1. 迷迭香甜桃果醬的作法詳見P116。
2. 這款吃法所使用的果醬也可用粉紅胡椒蜜柚果醬（P98）或多C水果綠茶果醬（P130）替換。

51 雪梨百香豆花 料理 糕點 甜品

材料 （2人份）
豆花粉····················100公克　　冷開水····················750毫升
無糖豆漿··········300毫升　　雪梨百香果果醬····2大匙

作法
1. 在圓底鍋內倒入冷開水750毫升及豆花粉，用打蛋器攪拌使豆花粉融化。
2. 將無糖豆漿以小火加熱並稍微攪拌。
3. 將熱豆漿迅速地倒入裝有豆花粉漿的圓底鍋中。
4. 靜置10分鐘後，自製豆花即完成。
5. 將豆花分別盛裝在兩個碗裡，再將雪梨百香果果醬各1大匙舀在豆花上即可享用。

Linda's小提醒
1. 雪梨百香果果醬的作法詳見P74。
2. 這款吃法所使用的果醬也可用紫葡萄果醬（P54）或薰衣草火龍果醬（P118）替換。

52 檸檬洛神杏仁凍 料理 糕點 甜品

材料 （2人份）
杏仁凍····················300公克　　熱開水····················200毫升
杏仁粉····················25公克　　檸檬洛神花果醬····2大匙

作法
1. 將杏仁粉沖入熱開水中拌勻，製成杏仁茶備用。
2. 將杏仁凍切成1公分正方的小丁，盛裝在兩個甜點碗中，並各倒入100毫升的杏仁茶。
3. 挖取檸檬洛神花果醬各1大匙摻入碗中，與杏仁凍稍微攪拌一下，就是健康又養顏美容的甜品囉！

Linda's小提醒
1. 檸檬洛神花果醬的作法詳見P78。
2. 這款吃法所使用的果醬也可用加州李果醬（P58）或馬鞭草奇異果果醬（P122）替換。

53 牛奶布丁佐番茄果醬 甜品

材料 （2人份）
牛奶布丁 ···2個
番茄紅酒無花果果醬 ················· 2人匙

作法
1. 將牛奶布丁取出後，分別倒扣於兩個點心盤上。
2. 將番茄紅酒無花果果醬盛裝在玻璃器皿中，放進微波爐微波30秒鐘後取出。
3. 將微溫的番茄紅酒無花果果醬均等地淋在兩個牛奶布丁上，就是聚會時最受歡迎的美味甜點。

Linda's小提醒
1. 番茄紅酒無花果果醬的作法詳見P144。
2. 這款吃法所使用的果醬也可用草莓果醬（P48）或肉桂蘋果果醬（P88）替換。

54 紅蘋果葡萄柚果凍

材料 （2人份）
洋菜條 ···1/2條
薄荷葉 ··4片
蜂蜜 ··4小匙
紅蘋果葡萄柚果醬 ························4大匙

作法
1. 將洋菜條洗淨後，泡水20分鐘使其變軟。
2. 煮一鍋400毫升的開水，煮沸後放入泡軟的洋菜條，續煮直到洋菜全部溶解即關火。
3. 加入紅蘋果葡萄柚果醬並拌勻，倒入模具中置於室溫下冷卻，再放入冰箱冷藏室中凝固。若為容量100毫升之模具，約可做成4個果凍。
4. 果凍凝固後即可取出，食用前各淋上蜂蜜1小匙、裝飾1片薄荷葉，可增加香氣與甜度。

Linda's小提醒
1. 紅蘋果葡萄柚果醬的作法詳見P66。
2. 這款吃法所使用的果醬也可用草莓果醬（P48）或桂花水梨果醬（P112）替換。

PLUS

香醇抹醬

輕鬆上手，限時的好滋味！

酸甜果醬滋味清爽，但偶爾也想享受屬於奶香的不一樣感受吧？
那就來點濃郁的抹醬吧！抹醬製作簡單，只要20分鐘就能擁有香
醇迷人的抹醬！這個單元精選7款香醇抹醬，絕對滿足你的味蕾！
搭配麵包、餅乾、司康全都超對味，再喝口熱咖啡，這香甜的午茶
時光，專屬限定！

Spread 1

酸甜奶香，蔓越莓讓奶酥口感更升級

蔓越莓奶酥抹醬

當甜酸的蔓越莓遇上奶香，
像是旭日般的蛋黃，
誘引渴望滿足的味蕾。

材料

無鹽奶油·····················75公克
蔓越莓（或葡萄乾）··········35公克
糖粉·····················35公克
全脂奶粉·····················75公克
新鮮蛋黃·····················1顆

inda's 極品果醬祕訣

添色加味有撇步：除了蔓越莓，也有人會以葡萄乾取代，但也有人只愛單純的奶酥口味。此外，蔓越莓或葡萄乾（35公克）也可先浸泡在萊姆酒或紅酒10分鐘，另有一番風味。抹醬的顏色視蛋黃的顏色而有深淺不同，例如有機蛋的蛋黃顏色較黃，做出來的抹醬顏色自然較深。此外，糖粉也可用蜂蜜取代。嗜甜者，可調整糖粉分量，多加5～10公克。

好香甜！

作法

01 無鹽奶油秤重後切小塊。

02 置於室溫中放至軟化。

03 將蔓越莓乾切丁泡水，水量約蓋過蔓越莓即可，泡10分鐘，備用。

04 使用攪拌器或橡皮刮刀將軟化的無鹽奶油打成乳霜狀。

05 糖粉過篩入至鍋中。

06 全脂奶粉也過篩至鍋中。

07 接著，加入新鮮蛋黃1個。（不建議連同蛋白一起加入，容易出現腥味）

08 將所有食材均勻攪拌約10分鐘直至霜狀。

09 再加入瀝乾的蔓越莓乾，一起攪拌均勻即可。

10 拌勻的抹醬可立即食用，或放入密封盒中冷藏3～5天。

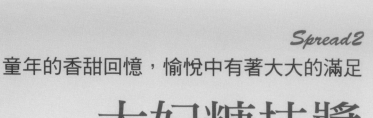

Spread2
童年的香甜回憶，愉悅中有著大大的滿足

太妃糖抹醬

猶記得幼年時，
手上那一盒牛奶糖的珍貴，
小心剝開包裝紙，
輕輕放入口中，
而那滿嘴的甜甜幸福，
如今現身在太妃糖抹醬裡。

材料

無鹽奶油·······························20克
鮮奶油·······························120公克
水·····································150公克
細砂糖·······························130公克
夏威夷果仁（或碎腰果）·····40公克

🐱inda's 極品果醬祕訣

風味各異：太妃糖抹醬的顏色和風味，與所選擇的糖有關，其中以白砂糖的顏色最淺，楓糖最深，另外，蜂蜜也是選項之一。此外，也可將夏威夷果換成腰果，使用前都需先烤熟，烤後務必放涼，才可與其他食材拌合，變化口感。我最推薦太妃糖抹醬與貝果，其實是個挺契合的搭檔呢！

作法

01　無鹽奶油秤重後切小塊。

02　奶油與鮮奶油放入鍋中混合，並開火溫熱，備用。

03　使用另一個有柄的鍋子，先放入150毫升水，再倒入細砂糖。

04　糖和水用中大火煮滾後轉成中小火，全程都不可攪拌。

05　中小火煮糖水直到出現琥珀色，再左右微轉動鍋柄繼續煮至焦糖色。

06　糖水顏色呈均勻琥珀色後離火，分次倒入步驟2溫熱的鮮奶油與奶油中。

07　將兩者拌勻後，即可倒入玻璃罐中。罐子不可立刻密封，須放涼降溫。

08　將夏威夷果仁放入烤箱，以150°溫度烤7～10分鐘，出現香氣即可。

09　將烤好的夏威夷果仁切成細小丁塊，也可省略不加。

10　夏威夷果仁放涼後，拌入太妃糖醬中。

11　完成後可立即食用，但若要放入冰箱，一定要先放涼並且密封才可。

Spread3

質地豐厚，軟濡中帶著淡淡奶香

南瓜乳酪抹醬

圓潤可愛的南瓜，
變身濃醇香的乳酪抹醬，
綿密口感，
讓人忍不住一口接一口。

材料

去皮南瓜	200公克
奶油乳酪	100公克
細砂糖	45公克
鹽	1/4小匙

inda's 極品果醬祕訣

蒸煮技巧：南瓜蒸煮後必須把水完全瀝乾，才能與其他材料拌合。當南瓜的水分愈少，做出來的抹醬質地就愈稠愈順口。使用刮刀拌南瓜抹醬時，會帶點顆粒，我很喜歡這樣略有口感的滋味，如果偏愛滑順口感，可用食物調理機攪拌。南瓜皮富含營養，如果是用有機南瓜建議連皮一起蒸煮，並用食物調理機來攪拌就不會有硬塊。

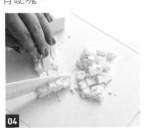

我也愛抹醬！

作法

01　將南瓜洗淨後去皮。

02　將南瓜切成7～8公分大小的塊狀。

03　秤200克南瓜塊瀝乾放電鍋中，外鍋放1杯水，將南瓜蒸熟到軟爛。

04　奶油乳酪秤重後切小塊（約2～3公分），置於常溫下放軟，備用。

05　用手試捏奶油乳酪，一捏就化時就能使用。

06　蒸熟的南瓜放入鍋中，用刮刀用力壓直到完全無顆粒，備用。

07　趁南瓜還溫熱時，倒入細砂糖及鹽，攪拌均勻。

08　奶油乳酪也倒入鍋中，攪拌均勻、完全融合即完成。

09　將抹醬裝在小碗中可立即食用，或裝密封盒中冷藏3～5天。

Spread4

如戀愛般，苦中帶甜令人一再回味

經典巧克力抹醬

如戀曲進行式般，
時而甜言蜜語，
時而苦澀憂煩，
但卻總想再回頭嚐一口那放不下的愛的滋味。

材料

無糖苦甜巧克力 ················· 100公克
杏仁角（或糖漬橘皮）········· 45公克
動物性鮮奶油 ····················· 125公克
細砂糖 ······························· 50公克

🐱inda's 極品果醬祕訣

1. **熬煮技巧**：無糖苦甜巧克力若換成本身就含糖的牛奶巧克力時，就要減少糖的用量。而融化巧克力時，不要忽高忽低隨意調整火溫，也小心不要過度攪拌，以免出現出油反白的情況！

2. **滋味加分祕訣**：適量的添加君度橙酒（最多約1大匙），就能使經典巧克力抹醬散發淡淡橙香，頗具成熟的大人味！在步驟5時加入一起拌煮即可。

拌均勻！

作法

01　無糖苦甜巧克力切小碎塊，備用。

02　杏仁角放入烤箱中，以150°溫度烤7～10分鐘，備用。

03　將切好的無糖苦甜巧克力與鮮奶油一起放入鍋中拌勻，備用。

04　接著，用一個更大的鍋子燒水煮沸。

05　把拌勻的無糖苦甜巧克力與鮮奶油連鍋置入大鍋中，隔水加熱。

06　將砂糖倒入鍋中，不斷攪拌直到巧克力完全融化，整體呈現光澤狀。

07　放涼的杏仁角丁也倒入鍋中，一起攪拌均勻即可。

08　巧克力醬趁熱倒入玻璃瓶中，即可食用。

09　巧克力醬放涼後才可封罐，杏仁角也可換成糖漬橘皮，或全省略不加。

大地的果實，與奶油激盪出驚豔火花

肉桂奶油地瓜抹醬

原來，
當樸實地瓜穿上奶油的外衣，
也可以如此讓人連聲叫好，
再加上肉桂粉的誘引，
那更是妙不可言。

材料

去皮地瓜	200公克
無鹽奶油	25公克
細砂糖	35公克
肉桂粉	1小匙

🐈inda's 極品果醬祕訣

1. **蒸煮技巧**：地瓜蒸熟後一定要把水分完全瀝乾，再趁熱與奶油、細砂糖及肉桂粉一起拌勻，熱氣才能使奶油、細砂糖融化且使肉桂散發香氣。使用有機地瓜時，建議連皮一起蒸煮，最後用食物調理機拌勻即可；不喜愛肉桂風味者亦可省略。

2. **滋味加分祕訣**：將細砂糖以黑糖取代會有另一番風味。

 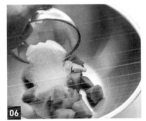  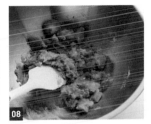

好香甜！

作法

01 地瓜洗淨後去皮。

02 去皮後，秤重200公克切小塊。

03 切好的地瓜瀝乾，放入電鍋中，外鍋放1杯水蒸熟。

04 奶油秤重後切小塊，置於常溫中放軟。

05 將蒸熟的地瓜放入鍋中，軟化的奶油也放入。

06 接著，倒入細砂糖。

07 肉桂粉過篩到鍋中。

08 鍋中所有的食材趁熱拌勻，直至地瓜沒有顆粒。

09 攪拌好的地瓜抹醬即可食用，或放涼後、密封冷藏保存3～5天。

Spread6
清香松子的脆口，與甜蜜楓糖交織出迷人滋味

楓糖乳酪抹醬

就愛這楓糖的香，
也愛這松子的香，
口口甜，口口脆，
停不了手，也停不了口。

材料 /

奶油乳酪………………………150公克
楓糖………………………………40公克
松子（或碎核桃）………………45公克

inda's 極品果醬祕訣

1. **添色加味撇步**：楓糖也可改用白砂糖
   （35克）或蜂蜜（35克），抹醬的顏色
   與和風味會有點差異，顏色由深至淺分
   別為楓糖、蜂蜜、白砂糖。
2. **烘烤技巧**：抹醬可加松子或核桃、南
   瓜子等堅果類，在烤堅果時因為量
   少，且各個烤箱烤溫略有差異，因此
   要特別注意烘烤情況，避免烤焦。

變好吃吧！

作法 /

01　奶油乳酪秤重後切小塊置於常溫下回軟。

02　用手試捏奶油乳酪，一捏就化時就可使用。

03　將松子或其它喜愛的堅果放入烤箱中，以150度溫度烤7～10分鐘，備用。變
　　色、出現香氣即可。

04　將奶油乳酪放入鍋中，並倒入40克楓糖。
　　（可用蜂蜜、白砂糖替代，口味較甜）

05　使用攪拌棒以邊壓、邊按的方式拌勻。

06　烤熟的松子或核桃放涼後，倒入鍋中一起攪拌。
　　（核桃或較大的果仁需先切丁）

07　攪拌好的抹醬放入小碗中即可食用，或密封冷藏保存。

204 ── 205

Spread7
濃郁奶香，與酸甜草莓果香讓人停不了口

粉紅草莓奶酥抹醬

大人、小孩都無法抗拒的草莓牛奶口味，
濃郁的奶香味和入酸甜解膩的草莓，
層層疊疊融合交織出如戀愛般的甜蜜滋味，
真的讓所有的人一口接一口的直到清盤。

材料

無鹽奶油	100公克
糖粉	35公克
鹽	1小撮
全脂奶粉	110公克
草莓凍乾	30公克
鮮奶油	1大匙

🐈inda's 極品果醬祕訣

1. 滋味加分：如果希望滋味更清爽的朋友，也可以試著把鮮奶油換成全脂鮮奶，做起來的狀態會稀一點，但是美味不減。草莓凍乾也可以換成其他口味的水果凍乾，都很健康美味。

作法

01	無鹽奶油秤重後切小塊
02	置於室溫下放至回溫，軟化至可以手指壓出凹痕。
03	將軟化的無鹽奶油用攪拌機打成打乳霜狀。
04	糖、鹽與全脂奶粉都過篩，備用。
05	將草莓凍乾放進夾鏈袋裝好，用玻璃瓶壓碎。
06	保有草莓凍乾碎，保持果增添口感。
07	將乳霜狀奶油與過篩後的糖、奶粉、鹽與草莓凍粉一起攪拌。
08	加入鮮奶油，完全拌到均勻即可。
09	完成！可立刻抹上吐司享用！

台灣廣廈 國際出版集團
Taiwan Mansion International Group

國家圖書館出版品預行編目（CIP）資料

職人級極品果醬技法全圖解：選用在地四季食材，從單品、複合、
香料、到花草佐味，封存水果精華的40種醬料配方及54種絕讚吃
法！/施佳伶（Linda）作. -- 初版. -- 新北市：臺灣廣廈有聲圖書
有限公司, 2022.10
　　面；　公分
ISBN 978-986-130-553-0（平裝）
1.CST：果醬 2.CST：食譜

427.61　　　　　　　　　　　　　　　　　111011391

職人級極品果醬技法全圖解

選用在地四季食材，從單品、複合、香料、到花草佐味，封存水果精華的**40**
種醬料配方及**54**種絕讚吃法！

作　　者／施佳伶（Linda）	編輯中心編輯長／張秀環・編輯／陳宜鈴
攝　　影／子宇影像工作室・	封面設計／張家綺
廖家威	內頁排版／菩薩蠻數位文化有限公司
插　　畫／俞家燕	製版・印刷・裝訂／皇甫・秉成

行企研發中心總監／陳冠蒨	線上學習中心總監／陳冠蒨
媒體公關組／陳柔彣	產品企製組／黃雅鈴
綜合業務組／何欣穎	

發　行　人／江媛珍
法律顧問／第一國際法律事務所 余淑杏律師・北辰著作權事務所 蕭雄淋律師
出　　版／台灣廣廈
發　　行／台灣廣廈有聲圖書有限公司
　　　　　地址：新北市235中和區中山路二段359巷7號2樓
　　　　　電話：（886）2-2225-5777・傳真：（886）2-2225-8052

代理印務・全球總經銷／知遠文化事業有限公司
　　　　　地址：新北市222深坑區北深路三段155巷25號5樓
　　　　　電話：（886）2-2664-8800・傳真：（886）2-2664-8801
郵政劃撥／劃撥帳號：18836722
　　　　　劃撥戶名：知遠文化事業有限公司（※單次購書金額未達1000元，請另付70元郵資。）

■出版日期：2022年10月
ISBN：978-986-130-553-0
版權所有，未經同意不得重製、轉載、翻印。